旅する遺伝子

ジェノグラフィック・プロジェクトで
人類の足跡をたどる

スペンサー・ウェルズ 著
上原 直子 訳

DEEP ANCESTRY:Inside the Genographic Proje

英治出版

DEEP ANCESTRY

Inside the Genographic Project

by

Spencer Wells

This book is published in Japan by Eiji Press, Inc. by arrangement with National Geographic Society through Japan UNI Agency, Inc., Tokyo.

Book design: Yuji Ohmori

それはまさに長い旅の終わりだった。二人の遺伝学者がビル・クリントン元大統領と同席していた。僕たちの遺伝子を構成している二八億五〇〇〇万塩基対ものヒトゲノム配列決定完了。苛烈な闘いの末、二人の遺伝学者たちはホワイトハウスのイーストルームで終戦を宣言した。政府の支援で進められた「ヒトゲノム計画」を率いてきたのは、医師で敬虔なキリスト教信者でもあるフランシス・コリンズ。同じゴールを追い求めて民間企業を立ちあげたのは、シリコンバレーと九〇年代ハイテクブームの申し子クレイグ・ベンター。二人の競争意識が拍車をかけたのだろう、研究は予想より一年も早く完了した。

二〇〇〇年六月二六日、それは科学者にとって至福の一日だった。僕はオックスフォード大学の研究室で、このイベント中継をインターネットにかじりついて見ていたのを覚えている。

その日の発表が科学界に与えた意味は大きかったが、それがゆくゆく社会全体に与えるであろう重要性に比べれば、色あせて見えるのも無理はなかった。だからこそ、ほぼ一三年間にわたり資金を提供してきた国立衛生研究所やエネルギー省のスポークスマンではなく、当時明らかに世界で最も影響力を持っていたクリントン元大統領が声明を発表したのだ。大統領の言葉を借りれば、「人類が手掛けた最も重要で最も驚くべき地図」が完成したのである。

この瞬間、ゲノム時代の幕が開いた。今や「ＤＮＡ」は現代を象徴する言葉となり、自動車からコンピューターまであらゆる商品の宣伝文句として使われている。神秘の魔力で夢の実現を約束してくれる遺伝学。記者会見でクリントン元大統領は、一五〇歳まで生きられるとおどけてみせた。遺伝学が進歩し、人間の病気や老化に対する理解が深まれば、二一世紀の終わりには、それも夢ではなくなるかもしれない。僕たち自身の姿を見極めるため、遺伝学者たちは日々とてつもない躍進を続けているのだ。

過去を振り返る

　その日世界のほとんどが未来を見つめているさなか、僕と同僚たちはこの驚くべき新技術が過去への探索にどう役立つだろうかと考えていた。オックスフォード大学にある僕らの小さな研究室には、世界中からDNAサンプルが集められていた。過去五万年に及ぶ人類の歴史をひもとくための遺伝情報ライブラリーだ。たいていの科学者同様、僕たちの研究も世界中の優秀な研究者が残した過去の業績に依存していた。先人たちの成果もさることながら、ヒトゲノム計画のために開発された素晴らしい最新機器と技術は、僕らの研究をおおいに後押ししてくれた。

　ヒトゲノム計画は、一九八六年にニューメキシコ州サンタフェで開催された会議が発端だったが、実際研究に弾みがついたのは、ゲノム配列決定を目指す一五年計画が立案された一九八七～八八年のことである。当初ほとんどの労力は、膨大な量の情報を解読する技術の開発に注がれた。かつて、粒子加速器や国際的な科学コンソーシアムの出現によって物理学が数十年前に果たしたように、遺伝学は「巨大科学《ビッグサイエンス》」への道を着々と歩んでいったのだ。

その後数年間は、慎重に研究が進められたが、一九九〇年代後半には表立った技術的課題はほぼ克服された。ヒトゲノム計画は、毎日大量のDNA配列を生み出す巨大な工場へと姿を変えたのだ。

テクノロジーがもはや遺伝子研究の足かせでなくなったことは明らかだった。むしろ障壁となったのは、遺伝子の「テキスト」を入手することだ。たとえば、科学の基盤が発達した地域に住み、自己の起源に興味を持つ人々からDNAサンプルを提供してもらうのは比較的簡単だった。ヨーロッパ、アメリカ、東アジアがその例だが、世界はそれだけにとどまらない。僕たちが必要としていたのは、人類の多様性を表す、まさに地球規模の試料サンプルだ。長い間同じ場所で生活していた人々、いわゆる先住民族のDNAサンプルを分析すれば、その祖先の遺伝子パターンを詳細に推測することができる。それだけではない、さまざまな地域データを比較すれば、何千年も昔に祖先がたどった移動の道のりについても分かってくるはずだ。ただしこれを少しでも正確に行うためには、世界中のできる限り多くの人々、とりわけ他地域とあまり接触を持たない人々のDNAを調べる必要がある。

しかし残念ながら、僕たちは時間という敵を相手にしている。先住民族のＤＮＡに刻まれた物語は、今にも「文化のるつぼ」に飲み込まれようとしているのだ。人が住みかを変えるのには三つの理由がある。故郷ではチャンスに恵まれないから、またはよその土地に好機が眠っているという認識から、そうでなければ強制的な移動だ。多くの先住民は、ただでさえ貧しい地域に住んでいる。昔ながらの生活習慣は脅かされ、その子供たちの多くは地元を離れて経済の主流である都市に流れていく。一度その「るつぼ」にはまってしまったら、彼らのＤＮＡは地理的背景を失ってしまう。そこには遺伝子パターンが刻んだ明確な足跡があるというのに。

生物の多様性に危機が迫っているように、世界は目下、文化の大量絶滅に直面している。兆候の一つが言葉の喪失だ。言語学者は、ヨーロッパの大航海時代が始まる西暦一五〇〇年ごろには、全世界で一万五〇〇〇種の言語が使われていたと考えている。だが現在残っている話し言葉はわずかに六〇〇〇種、そのうち九〇パーセントは今世紀末までに失われてしまうだろう。僕たちは、同じように世界の遺伝系統を混ぜこぜにしてしまう移住のプロセスを通じて、二週間に一つの言語を失っていくのだ。これが人類に新たな結び付きをもたらすことは期待できるが、同時に僕たちがたどっている遺伝の組み糸は救いようがなくもつれ合っていく。そうなったら、ＤＮＡに符号化された歴史文書を読み解くのは、もはや不可能だろう。

そんな切迫感を抱きながら、二〇〇五年四月、僕たちは「ジェノグラフィック・プロジェクト」を立ちあげた。五年の歳月と四〇〇〇万ドルの資金をかけ、遺伝子の足跡がまだ絶たれていない今この時期に、遺伝学の視点から見た人類のスナップショットを撮ろうというのだ。人間の起源を細部にわたり解き明かすことを約束する大規模で国際的な試み。遺伝学的手法はもとより、考古学、言語学、古人類学といったほかの歴史分野による手段を連携させ、人類の決定的な疑問に答えようという挑戦。僕たちはいったいどこからやって来たのか？　プロジェクトが終わるころには、この問いかけにより密度の濃い回答ができることを願うばかりだ。

プロジェクトの始まり

二〇〇二年八月、僕は前著『アダムの旅』〔バジリコ刊〕の執筆と、その関連ドキュメンタリー企画『ジャーニー・オブ・マン：人類の軌跡』〔九三頁参照〕の撮影を終えたばかりだった。プロモーションのため旅をしていた僕は、ロンドン・ヒースロー空港のターミナル4でフライトを待っていた。その日レストランで向かい合って座っていたのはナショナル ジオグラフィック・チャンネルの国際事業部でシニアマネージャーを務めるキム・マッケイ、僕が本書をささげることになった女性である。彼女の仕事は少しでも多くの地域で一人でも多くの視聴者を増やすことだった。しかし彼女の興味はとどまるところを知らず、科学の素晴らしさに惹かれていた。そんなキムが僕に向けたのは、なんとも運命的な質問だった。

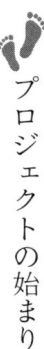

「次は何をするつもり？」

さまざまな考えが頭をよぎった。やりたいことなら山ほどある。世界のある特定地域で集中的に研究をしてみたいし、次のドキュメンタリーや執筆だって……。キムは、ナショナル ジオグラフィックが遺伝人類学者である僕たちの研究に深い関心を示していることを告げ、僕にやりたいことを「思いついたまま」言ってほしいと頼んだ。つまり、もしも何でもできるとしたら次に踏むべきステップは……？

しばらく考えたのち、僕は口を開いた。

「もっとサンプルを集めたいな。もっとたくさん。人類の移動パターンについて分かっている事実は数千人分の試料に基づいているけれど、そこから得られる遺伝子マーカーはほんの一握りだ。ここ数年に世に出たすべての文献が扱ったサンプルを集計すれば、研究対象となったDNAは一万人分にも及ぶだろう。それでも六五億という世界人口を考えれば十分なサンプル数とは言えない。双眼鏡を使って宇宙の複雑さを説明しようとするようなものさ。少なくともあと一けた、一〇万件以上に増やさなくちゃ、人類の過去にまつわる重要な疑問に胸を張って答えることはできないよ。それが集まれば、いわゆる遺伝子望遠鏡が手に入って、人類史上取るに足らないような移動の経緯まで突き止められるかもしれない――この微妙な動きっていうやつほど、興味深いものなんだけど」

僕らは帰路についたが、その日まかれた種は何だかものすごくワクワクするものを二人の頭に芽吹かせてくれた。それからの数カ月間、ナショナル ジオグラフィック協会と僕たちはこの心躍るようなプランを練りあげていった。同じ技術を使い、同じ時間枠で、同じ倫理的方法論を用いてこのような調査が行われるのは初めてのことだった。科学の真骨頂を発揮するチャンスだ。この研究で世界中の先住民文化に対する認識が高まれば、生活様式を脅かされている彼らに何かお返しをすることができるかもしれない。それだけではない、この科学調査から生まれた驚くべき物語の数々を、堂々と世界に伝えることができるのだ。

そうは言っても、ジェノグラフィック・プロジェクトがまず尽力すべきは、科学的探究——人類共通の過去から、興味深い新事実を探りだすことだった。基本は遺伝学だが、ナショナル ジオグラフィックがかつて資金提供をした、リーキー一家（人類学上数々の重要な発見をしている古人類学者の一族）やジェーン・グドール（チンパンジーの研究で有名な霊長類学者）といった名だたる科学者たちの研究を礎にしている。さまざまな要素が絡み合っているが、中核はあくまでも科学。基礎調査にしっかりとした土台を持たなくては、人類の起源に関する理解に大きな影響を与えることはできない。この部分を援助しようと名乗りをあげたのがＩＢＭ社だ。同社のコンピューテーショナル・バイオロジー・チームが、遺伝子データ、言語パターン、考古学的記録、サンプル提供者のコメントなどを含む複雑なデータセットを分析するうえで力となってくれるはずだ。

プロジェクトは二〇〇五年に開始され、先住民や伝統的な生活を送る人々のＤＮＡサンプル採集・解析が始まった。一般の人たちも、ジェノグラフィック・プロジェクトの参加キット〔巻末参照〕を購入すれば、世界各国から研究に携わることができる。頬の内側から採取したサンプルを送るだけで、このプロジェクトの一員として研究に貢献できるだけでなく、人類の物語において自分たちがたどってきた道のりを知ることができるのだ。すでに一六万人以上の人々がキットを入手して、このプロジェクトに参加している。

本書では、現在明らかになっている事実の全容をお伝えしたいと思う。ＤＮＡという歴史文書をどのように解読するのか、「ＤＥＥＰ ＡＮＣＥＳＴＲＹ――遥かなる祖先」とは何を意味しているのか、そして、プロジェクトの進行とともに僕たちは何を学ぼうとしているのか。これは、過去五〇年間に急成長を遂げ、かつては推し量ることしかできなかったたくさんの疑問に挑もうとしている科学分野への駆け足の旅である。

まずは遺伝人類学の大まかな歴史から始めよう。その後、鍵となる人物たちとその経歴を検証しながら、どのようにＤＮＡから人類移動の詳細をたどるのかという本書の要点に入っていく。読むほどにその根はどんどん深くなり、ついに僕らは現存する全人類の共通祖先にたどり着くはずだ。

もくじ

本文中の（　）は原注、〔　〕は訳注を示す。
本文中の書名については、邦訳があるものは邦題のみを、ないものは原題を併記した。

第1章 一街区の物語

The Block

宇宙にいる自分を想像してほしい。月の近くを漂うあなたの目に映る地球は、暗闇に浮かぶ紺碧の球体だ。周りに惑星はない――闇の中にぽつんと地球が光っているだけ。あなたは猛スピードで地球に近づく。緑豊かな大地が目前に現れ、徐々に大陸が識別できるようになる――アジア大陸、アフリカ大陸、南北アメリカ大陸。北米大陸に焦点を向けてみよう。それは細長い陸地の橋でかろうじて南米大陸とつながっている。さらに接近し、アメリカ合衆国の東海岸に目標を定める。ますます近づいていくと、道路や鉄道や橋が網の目のように張り巡らされているのが分かる。突入した先はニューヨーク。八〇〇万以上の人々が五つの区域に分かれて生活している。

ニューヨークは世界一の国際都市だ。一カ所の地理的区域にこれだけ多彩な人々が住んでいる例は、おそらく歴史上類を見ないだろう。新しい人生を築くため、猥雑なストリートを目指して一八〇以上の国から（世界には一九二カ国しかないのに）人々がやって来る。そのうちの一区クイーンズでは、一三八種にも及ぶ言語が行き交っている。まさにアメリカの――いや、世界の民族のるつぼだ。

車のクラクション、高層ビル、ホットドッグ用のコーシャーソーセージを焼く匂い、そしてこの人類の多様性に直面するといつもニューヨークへ来たのだと実感する。想像できるだろうか？　たった一つの街に色とりどりの物語が存在しているのだ。こちらの家ではプエルトリコ人の母親が二人の子供を育てながら学業を終えようと奮闘している。一方、あちらの家に住む中国移民の息子は学校の優等生名簿に名前を連ねている。アイルランドから来たカトリック教徒の六人家族は、父親と二人の息子が警察官として働き、ストリートではエチオピア人のタクシー運転手が、アディス・アババから家族を呼び寄せるためにせっせとお金をためている。デリショップのイタリア人オーナーとその妻は祖国の自慢料理を売り、その客の一人は二〇代の養子で自分の先祖がどこの誰かなんて思いもつかない。

膨大な地理的背景から生まれたこうした典型的な物語の多くは、「汝の疲れたる貧しき、自由の空気を吸わんものと、身をよせあう人々を……われに与えよ」という自由の女神の祈りに引き寄せられてきた。アメリカを大国にしたのはこの民族のるつぼだと言う者もいる。異分子の結合が、世界に名だたる創造的国家をつくりあげたのだと。

ニューヨーカーの多くは、自らをアイルランド系アメリカ人、アフリカ系アメリカ人、ドイツ系アメリカ人、というように「系」をつけて表現する。ほとんどの人が、その地を訪ねたこともなく知識すらおぼつかないのに、祖先の住んでいた故郷に心引かれる。この魅力が大きければこそ、人種の完全融合が妨げられつづけてきたのだ。ニューヨーカーたちは、アメリカ人であることを誇りに思いながらも、いまだメッツやヤンキース、橋やトンネル、そしてハンプトンの邸宅の向こう側に横たわる何かに、自分の姿を重ね合わせたがる。建国二〇〇年を迎えた尊ぶべき国家にはできないような方法で彼らを結び付けてくれる何か――血のつながり、「祖先」である。

人類史における最も大規模な移動が行われたのは一八四〇年から一九二〇年の間で、四〇〇〇万人近く（一八四〇年当時の米国人口の二倍以上）がヨーロッパからアメリカに流れ込んだ。ジャガイモ飢餓の破滅的影響に急《せ》き立てられた四五〇万人のアイルランド人、貧困から脱しようとした五〇〇万人のイタリア人、そして東欧で繰り広げられていた大虐殺から逃れてきた二〇〇万人のユダヤ人。現代アメリカ人の半数近くは、移民受け入れの代表的な窓口だったニューヨーク港のエリス島を通過した先祖を持つことになる。

大部分のアメリカ人は、祖先がアメリカに到着する以前の自らのルーツに強い好奇心を抱いている。家系図を調べることは、庭いじりに続いて二番目に多いアメリカ人の趣味だ（ちなみに「genealogy（家系図）」は、「pornography（ポルノ）」に続いて二番目にアクセスの多いウェブサイトのカテゴリー）。ある意味、自らの血筋をたどることに国中が夢中になっているというわけだ。

かくいう僕も、二～三世代前の自分の家系に興味を持っている。自称歴史家の僕は、多くの歴史家同様、自分より昔に生きていた人々に引き付けられる。子供のころから、過去を旅したいという思いに取りつかれてきた。最初のきっかけは、八歳のときにツタンカーメン王のアメリカ巡回展を訪れたこと、そして次のきっかけは地元図書館の歴史コーナーだ。放課後になると、ギリシャやローマ世界、エジプト神話、中世ヨーロッパに関する本を何冊も読みふけった。科学に興味を持ちはじめたのはもっと後、母親が生物学の博士号を取得するため大学院に復学したころである。母のお供をして研究室に通った僕は、科学というものがまさにパズルであり謎解きであることを発見した。両者とも一〇歳の少年にはたまらなくワクワクするような仕事だった。大学に願書を出すころには、生物学者の道を進もうと決意していた――ただし、僕の目はその歴史的な側面、遺伝学に向けられていた。

遺伝学というのは「継承」の研究で、この分野は僕の大学時代に大変革を遂げた。分子生物学の進歩によって、遺伝情報の中核であるDNAの解読や、人間を今のような形態にしたメカニズムの研究が可能になったのだ。それだけではない、DNAには祖先に関する物語が単純な記号で記されている。僕たちは両親からDNAを受け継ぎ、両親はそのまた両親からDNAを受け継ぎ……それは地球上の生命の起源までさかのぼっていく。

僕は、DNAが持つ歴史的情報を研究することに一生をささげようと心に決めた。そうなると焦点は進化遺伝学、DNA配列が時の経過とともになぜ、どのように変化していったのかを探る分野だ。僕はこれを、古代語研究の二〇世紀末版と見なしていた。遺跡から発掘された碑文を解読するように、ＤＮＡに書かれたテキストを読む知識があれば、地球上の生命の歴史を知ることができるのだと。

たいていの人が意味するところの系図学――家系図を構成して、自分の姓がどのように広がっていったのかを説明したり、「祖国」に住む遠い親戚との血縁関係を確認したりすること――は、僕の関心とは違う方向を向いていた。僕が注目していたのはもう少し難解な問題だ。人間と猿、もしくはショウジョウバエとイエバエにはどのようなつながりがあるのか？　生物はどのようにバクテリアと結び付いているのか？　さまざまな生物種が数百年かけて果たした生物進化と環境適応を、遺伝子パターンは解き明かしてくれるのか？　遺伝子データを使って人類の起源を知ることはできるのか？　そして、歴史上の大帝国が与えた遺伝的影響といった比較的新しい問題について、遺伝学は果たして僕たちの知識に磨きをかけてくれるのだろうか？

大学院に進んだ僕は、遺伝子の長期的進化をテーマに、ほかの生物種を使って自然淘汰と環境適応の証拠を見いだそうとしていた。しかし、データの収集を続けていた僕と仲間たちが悟ったのは、遺伝子パターンを解明するためには人口統計学――過去に人口がどのように増減し、どのような移動を果たしたのか――が重要だという事実だった。ＤＮＡと人口統計学は明らかに密接に関係し、人類の歴史についておおいに物語っていた。

結局、ある意味僕は系図学者に歩み寄ったことになる。家系図を作成する人々は概して過去数世紀の出来事を調査するものだが、集団遺伝学はそこから始まり過去へと歩を進めていく。大半の人たちが自分の家系を認識しているにもかかわらず、結局はみな大きな壁にぶち当たってしまう。僕たちのDNAはその壁を突き破り、現在から遥かなる祖先が住んでいた世界へと続く、一本の道を指し示してくれるのだ。

商売道具

DNAとは何者なのか？　僕たちを遥か過去の世界へといざなってくれる分子、先祖代々受け継いだ贈り物とも言うべき歴史文書——。DNAは、とても長い鎖のような線状分子だ。それは受信印字機から出てきた細い紙テープにも似て、絶え間なく続くモールス信号をわずかにほうふつさせるが、単に短点《ドット》と長点《ダッシュ》だけではなく、四つの構成単位から成り立っている。体内のほぼすべての細胞が持つDNAは生物の設計図であり、これがあれば理屈上あなたにうり二つの複製をつくることさえできるのだ。この設計図を「ゲノム」と呼ぶ。膨大な遺伝情報を記録しているため、一つの細胞内にあるDNAをつないで伸ばすと、その長さは二メートル近くにもなる。体内すべての細胞からDNAを取り出してつなぎ合わせたら、理論的には月まで何千往復もできる長さになるだろう。

DNA（デオキシリボ核酸）は、糖骨格（砂糖に似た成分）と、核酸塩基が結合してできている（図1）。

図1　DNAの二重らせん構造

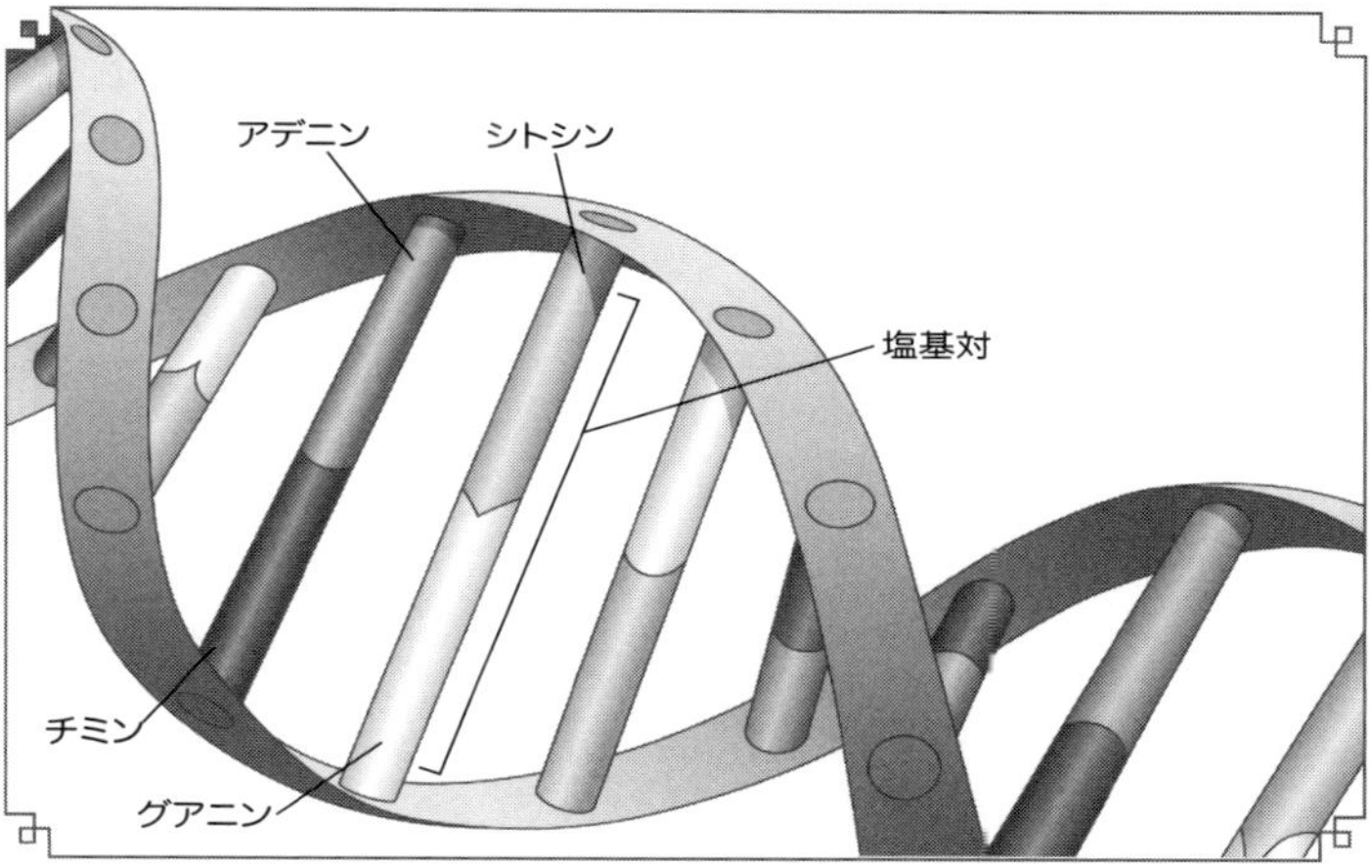

この核酸塩基、つまりヌクレオチドは、DNA分子の四つの塩基から成り立っている。それぞれアデニン(A)、シトシン(C)、グアニン(G)、チミン(T)と呼ばれているが、名称はそれほど重要ではない。

重要なのは、すべてのDNAが持つ遺伝情報、つまりゲノムの、ある特定領域における塩基配列である。この配列が、肌の色とか、糖尿病やアルコール依存症にかかる可能性、身長など、人を区別するありとあらゆる身体的特徴を決定付けるのだ。このごく一部分の領域が、一般的に「遺伝子」と呼ばれるのだ。ヒトゲノム内に散らばる何十億というヌクレオチドのうち、このような遺伝子の長さは五〇〇〇から五万ヌクレオチドほど。全体的に見ると、約三万の遺伝子が点在している。

しかし、ゲノムの大部分には、機能の知られていないDNA配列が際限なく広がっている。中には、腎臓に肺とは違う働きをさせるなど、何らかの作用を持つものも確かにあるかもしれないが、ほとんどは機能的に意味を持たないとされている。だから遺伝学者はこれを「ジャンク（ガラクタ）DNA」と呼ぶこともあるが、ゲノムを歴史文書として扱う僕らにとっては決してガラクタなどではない。これぞ僕たちの教科書であり、祖先に関する物語の宝庫なのだから。

ではDNAはどのような働きをするのだろうか？　実はとても単純だ。子供ができたら親は自分のDNAをコピーして伝える――先祖代々繰り返される遺伝子の伝達であり、子孫が他人よりも肉親に似る傾向にあるのはこのためだ。コピーが行われるプロセスを遺伝学用語で「DNA複製」といい、その間DNA分子は自分の複製をつくるためのテンプレートの役割を果たす。この複写作業を請け負うのが何百万ものほんの小さな酵素だ。この酵素を、中世の修道院に住む僧侶だと考えてみよう。彼らは世界最長の彩色写本を各自一ページずつ複写し、最終的にそれは一冊の本にまとめられる。どんなに気を付けて作業しても、ときには間違いが発生する――ある単語のGをCに取り違えてしまうというような。このようなミスの多くは、分子界の修道院長に当たる別の酵素グループに発見される。彼らの役割は、複写された文書を念入りに校正することだ。しかしながら、彼らの誠心誠意むなしく、まれにみるスペルミスは最終稿までたどり着き製本されてしまう。書籍の場合こうした間違いは誤植と呼ばれるが、遺伝学の世界では「突然変異」という。これは低い確率だがすべての世代に発生する――ヒトゲノムを構成する何十億というヌクレオチドのうち約五〇という確率だ。このような突然変異が、進化に「多様性」という基本要素をもたらした。

世界各国の人々を頭に描いたとき、まず印象に残るのはそのとてつもない多様性だ。一卵性双生児を除いて、一人として同じに見える人はいない。人間はなんとさまざまな形、大きさ、色を持ち合わせるようになったのだろう。ただただ驚くばかりである。考えてみてほしい。僕たちはみな同じ種に属しているのに、こんなにも異なった姿形をしている。この外見の違いはほぼすべて、過去のある時点で起きた突然変異に起因しているのだ。

この素晴らしき人間の多様性は、初期の生物学者をこぞって人類の分類に導いた。一八世紀のスウェーデン人植物学者カール・フォン・リンネ（以降、ラテン語読みでリンネウスと表記）は、地球上のあらゆる生物種の分類体系を考案した。二名式命名法（属名と種小名による表記法）として知られているものだ。一万二〇〇〇以上の種に命名する中で、リンネウスは僕たち人間に「ホモ・サピエンス」（「賢い人」の意）という名前を選んだ。そしてさらに奥へと踏み込んでしまった彼は、世界中の人々が外見によって明確に分類されると考えた。リンネウスは五種類の亜種を定めた。アーフェル（アフリカ人）、アメリカヌス（アメリカ先住民）、アシアティクス（東アジア人）、エウロパエウス（ヨーロッパ人）、そして、基本的に彼が好まなかったすべての人間をひとくくりにしたモンストロスス。このあからさまに差別的なカテゴリーには、架空の生き物も含まれていた。例を挙げるなら、彼の著した平頭《へいとう》人、穴居《けっきょ》人、小人族などはいまだ発見されていない。

このような亜種の概念は、つい二〇年前まで科学界で用いられていた分類法と非常によく似ている。たとえば一九六〇年代半ばには、アメリカ人自然分類学者カールトン・クーンが、人類学を学ぶ者にとって定番書となった『人種の起源（*The Origin of Races*）』の中で、リンネウスが二〇〇年以上前に考案したのと本質的に同じ分類を認めている。コーカソイド（リンネウスのエウロパエウスに相当）、ネグロイド（アーフェルに相当）、モンゴロイド（アシアティクスとアメリカヌスを合わせたもの）、そしてさらに二つの部類、カポイド（南アフリカ・ケープ地方南部のコイサン語族）、オーストラロイド（オーストラリア先住民《アボリジニ》とニューギニア人）だ。数世紀の間に変化したものといえば、これらのグループの存在に対する解釈である。リンネウスは、彼の言う亜種がつくられたのは神の御業だと信じていた。クーンは、ダーウィン以降すべての生物学者同様、進化論を用いて説明した。彼は、人類は一〇〇万年以上前、少なくともホモ・エレクトゥスの時代から枝分かれしていたと説明している。その特徴はほかの生物種と同じようにゆっくりと微小な変化を遂げ、その結果今日のようにさまざまな外見をした人間が出現したというのだ。

だがクーンの推論には、実はほとんど根拠がなかったことが明らかになっている。彼の時代の人類学者が利用できる手法は、ギリシャ時代からもっぱら限られていた――「形態学」、つまり外観の研究である。形態学者は研究対象の身体的特徴を丹念に測定し、それを説明するための複雑な公式を導き出して、データから変化のプロセスを推測していた。しかしそうだとしても彼らが不利な状況下で研究をしていたことは否めない。というのも、外見の多様性は結局のところ遺伝的差異によって生じるのに、形態の変化を引き起こす根本的な遺伝子変異については、当時まだ（大部分は）知られていなかったからだ。基礎とすべき確かなデータを持たなかったクーンは、個人的見解として、一〇〇万年に及ぶ進化が人種間の差異を生み出したと論じた。本質的に彼は、遺伝のプロセス——最も基本的なレベルで言うと、進化とは時の経過による種の遺伝子構成の変化だということ——を、遺伝学的詳細を知らずして悟ったのだ。そこで求められたのが、リンネウスとクーンの理論の遺伝学的な意味合いを検証することだった。遺伝子は、人類が本当に長く隔てられたばらばらの種になってしまったことを物語っているのだろうか？

遺伝子のビッグバン

一九八〇年代を迎えるまで、遺伝的差異を調査するために、遺伝学者が頼りにしていたのはたいてい、ＤＮＡのもつ情報が符号化した細胞性酵素などのタンパク質だ。少なくともタンパク質の変異は、頭骨の形や肌の色などの複雑な要素に比べ、遺伝的差異の根源に近いものを持っていた。

人類が初めて細胞内タンパク質の変異性を証明してみせたのは一九〇一年のことだった。別々の人間から採取した血液を混ぜ合わせると凝集することがあるのに気付いたカール・ラントシュタイナーが、ＡＢＯ式血液型の発見にたどり着く。遺伝による生化学的多様性が明らかにされたのは、これが初めてのことだった。この多様性は、タンパク質や血液細胞表面のほかの分子の変異によって生じる。ほどなくその他たくさんのタンパク質多型が検出された。だが一九六〇年代までに、遺伝的差異の研究である集団遺伝学は、データの泥沼にどっぷり浸かってしまう。残念なことに、こうした発見は人間の多様性を調査するうえで役立ったには違いないが、使い方が不明瞭だったのだ。

生物学データの新しいとらえ方によって、ようやく進展が訪れた。それまでの生物学は、比較的珍しい事象をじっくりと腰を据えて観察する学問であり（昆虫採集や野鳥観察をする一九世紀の生物学者を思い浮かべてみてほしい）、そうすることによってのみ、生物の基本的なメカニズムを理解するための割合単純な手掛かりを得ることができた。ダーウィンは幅広い事例証拠をもって、自然淘汰による自己の進化論に裏付けを与えたが、的確で統計的にも有意義な検証は行われなかった――それが実現するのはかなり後のことである。しかし一九六〇年代になると、主に遺伝学という新しい分野に導かれ、生物学は変貌を遂げはじめる。もはや事例としての科学ではない。観察結果の根底にある問題をより深く理解するため、生物学は統計的検査法をデータ分析に応用するというかつてない厳密な手法に挑みはじめたのだ。

遺伝学者たちに新たな流れを切り開いたのが、リチャード・レウォンティンだ。統計学者としての教育を受けたレウォンティンは、さまざまな生物データの中でも、ショウジョウバエの調査に尽力した。一九六〇年代にはタンパク質多様性を検出する新たな方法をあみ出し、膨らみ続けるデータを数学の才で体系的に分析した。

一九七〇年代初め、レウォンティンはよくバスに乗って国内を移動していた。その日もシカゴ（当時そこで教授職に就いていた）からインディアナ州ブルーミントンに向かうバスに揺られていた彼の頭に、ある考えが浮かんだ。ショウジョウバエのデータ分析に利用している統計的手法を、膨れ上がる人間の血液型データに応用することはできないだろうか。彼はそのデータで、リンネウスとクーンの説を検証しようとした。異なる亜種は本当に存在するのか？　だとしたら、ヒトから見つかるタンパク質差異のほとんどはそれぞれの人種に特有なものとなり、互いに明確な線引きをするのに役立つはずではないか。

しかし結果はまったく逆で、そのころの彼を驚かせるようなものだった。人類に見られる遺伝的差異の八五パーセントはある集団内の個人間にある――つまり、どんな集団ないし人種の中にも違いがあるということが分かったのだ。さらに七パーセントを加えた九二パーセントが、たとえばドイツ人とスペイン人など、同じ人種の集団間を区別する差異。円グラフ（図2）の一番外側のごく細い部分は、人種間に見られる差異だった。この結果が意味するのは、人種間に存在する違いは人類が持つ遺伝的差異の一〇パーセントにも満たず、残りの九〇パーセント以上は同じ人種内で見つかっているということだ。レウォンティンいわく、誰かが原子爆弾を落としたとする。生き残った集団はただ一つ――それはイギリス人でもいいし、オーストラリ

図2　レウォンティンの研究が示す、人類における遺伝的差異。

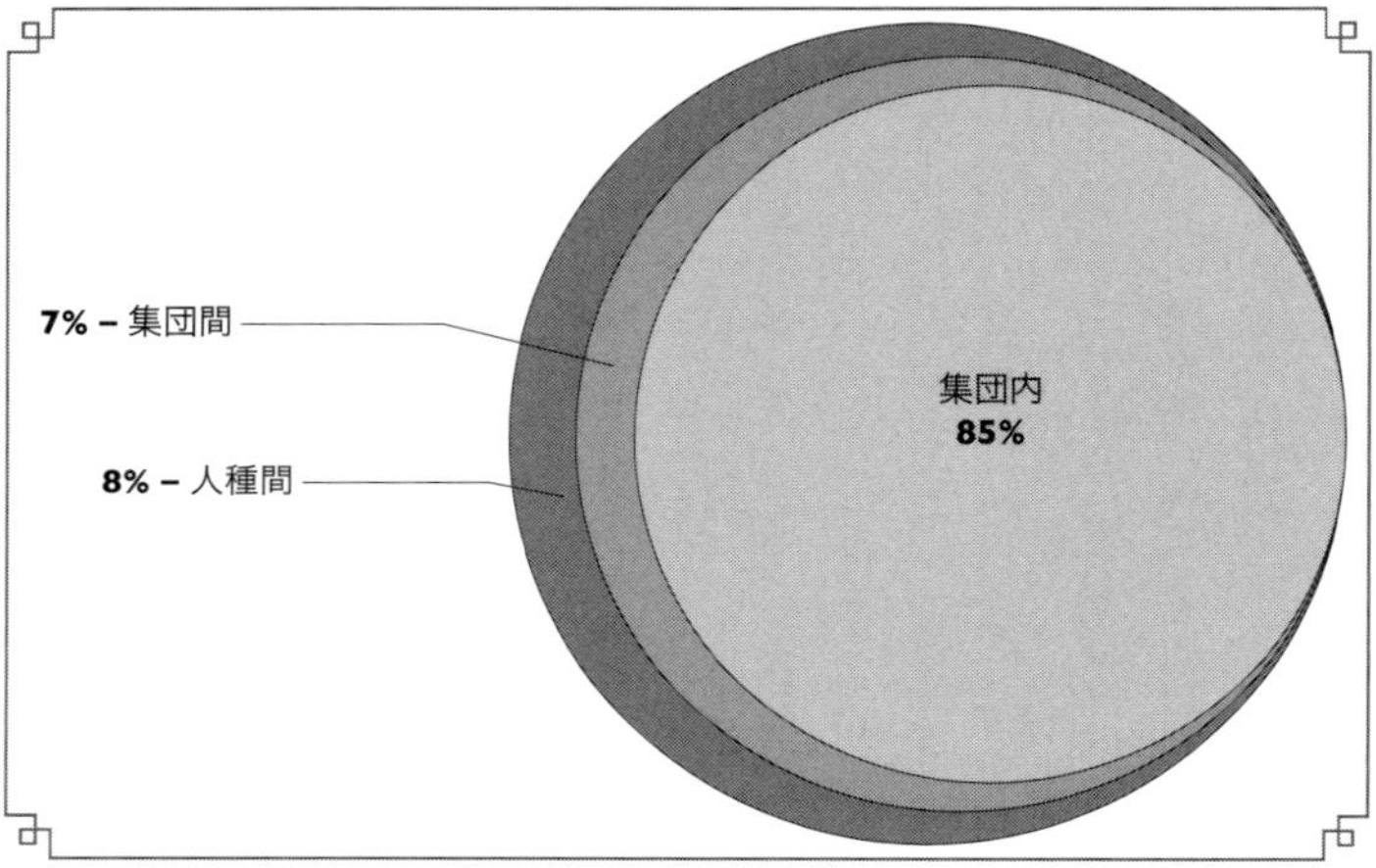

ア・アボリジニやイツリの森に住むピグミー族でもいい。それでもなおその集団は、人類全体に見つかった八五パーセントという水準の遺伝的差異を保持していることになるのだ。この驚くべき結果は、リンネウスとクーンの説が誤りであったことをはっきりと証明している。僕らは個々の亜種に属しているのではない、世界中に広がる大家族の一員だったのだ。

広がる枝葉

遺伝子データの新しい評価法は、ヨーロッパを拠点とする別の先駆的科学者によって独自に応用された。ルイジ・ルカ・カヴァッリ＝スフォルツァは、イタリアのパビーア大学で医師の資格を取ったが、ついぞ医業を営むことはなかった。まずはバクテリアの遺伝子に夢中になり、しだいに人類遺伝学に転向したのだ。一九五〇年代における彼の研究は、血液型のような人類の多型を用いて集団同士の関係を理解することに従事していた。

一九五〇年代後半、カヴァッリ＝スフォルツァは、オックスフォード大学の遺伝学者アンソニー・エドワーズと組んで調査を始めた。二人の科学者は世界中の集団から既報の血液型データを収集し——輸血の際に有用だったことから、このデータは入手しやすかった——血液型の型別頻度に関する資料をまとめた。そして二つの仮説を打ち出した。まず重要視されたのは、ある血液型頻度の似通った二つの集団同士は、頻度のまったく異なる集団同士よりも密接な関係にあるという仮説。そしてもう一つは、これまで見てきたように遺伝子変異はまれな現象であることから、系統樹構成には集団同士の関係を説明できる最小限の遺伝子変異が用いられるという仮説で、「思考節約の原理」として知られている（これについては第四章で詳述している）。

一つの血液型なら分析作業も割合単純だが、さまざまな血液型を調査対象にしていた彼らにとって、作業は手に負えないほど複雑だった。そこで二人は初期のオリヴェッティ社製コンピューターをプログラミングした。今で言うコンピューテーショナル・バイオロジーの先駆けだ。この分析装置に遺伝子データを放り込むと、地理的にもつじつまの合う人類の系統樹——全人類のつながりを遺伝学が解明してくれるかもしれないという兆し——が現れた（図３）。アフリカ人の集団は、ヨーロッパ人やアジア人の集団同様、一カ所にまとまっている。近代に比べるとかなり初歩的な研究だが、集団遺伝学が人類学の分野に一役買ったことは明らかだ。

図3　カヴァッリ=スフォルツァの系統樹

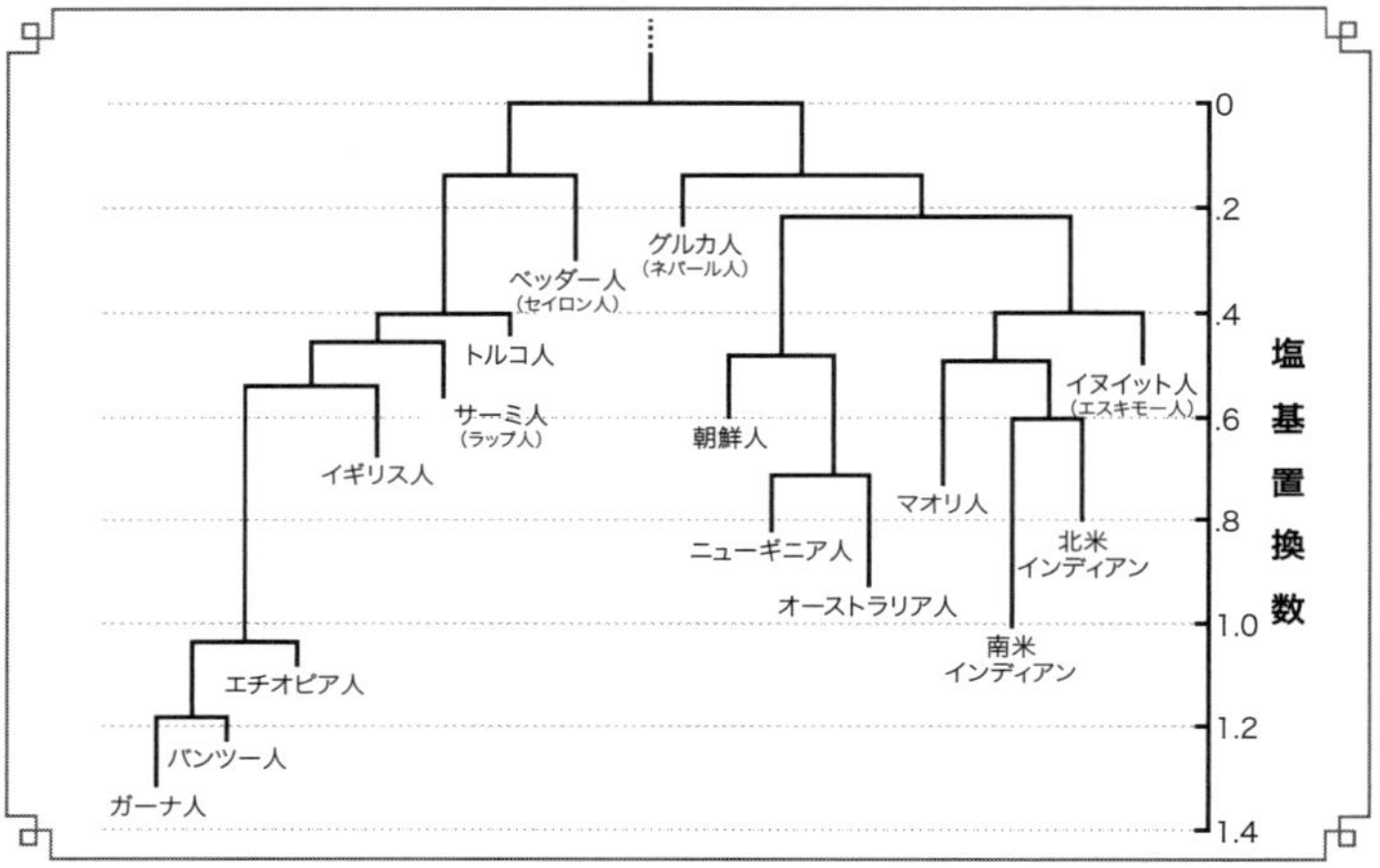

　カヴァッリ=スフォルツァやレウォンティンの研究が生み出した最も素晴らしい結果の一つは、人類がそれまで考えられていたよりもずっと、互いに密接なつながりを持っている可能性を見いだせたことだ。スフォルツァがエドワーズとともに導き出した系統樹は、すべての家系図と同じように共通の起源へさかのぼる――頂点にある一本の縦軸からは、たくさんの枝葉が広がっていく。一方レウォンティンは、僕たちが何百万年もの時間をかけて枝分かれしたと想定したとき、人種間に想像したほどの遺伝的差異はないということを明らかにしてくれた。「人類はみな家族」というメッセージが手渡されたのだ。

　人間がさまざまな色、形、大きさをしているのは一目瞭然だ。この違いは長年にわたって、人類を分け隔てるために使われてきた。しかし遺伝子データが教えてくれたのは、すべての人間が根底では思いのほか密な関係にあるという事実だった。では僕たちの間柄はどのくらい近しいだろう？

その真相を見抜くには、技術の発達がＤＮＡ配列決定を可能にするまで、つまり一九七〇年代後半まで待たなくてはならなかった。一九七七年、ウォルター・ギルバート（ハーバード大学）とフレッド・サンガー（ケンブリッジ大学）がそれぞれ独自に、高速度でＤＮＡ配列の決定ができる手法を開発した。二人の科学者は一九八〇年にノーベル化学賞を受賞。研究所での利用のしやすさから、サンガーの手法が広く用いられるようになった。これが遺伝学の世界に革命を巻き起こす引き金となった。ヒトゲノムの配列決定も、バイオテクノロジー革命も、そして僕たちのテーマに密接なかかわりのある、人類の起源と多様性に関する知識の変革も、そこから導き出されたのだ。

ＤＮＡ配列解析技術という鎧で身を固めた人類集団遺伝学者たちの多くはサンフランシスコ・ベイエリアに拠点を置き、一九八〇年代から九〇年代にかけてこの分野の基礎を築いた。人類学界に変革をもたらした中心人物が、カヴァッリ＝スフォルツァ（スタンフォード大学）とアラン・ウィルソン（カリフォルニア大学バークリー校）だ。ウィルソンの研究班は、ミトコンドリアＤＮＡ（第三章参照）の分析法を開発し、カヴァッリ＝スフォルツァの研究班はＹ染色体（第二章参照）に焦点を当てていった。彼らの研究はともに、僕たちのＤＮＡに刻まれた歴史情報を読み解く道具と手段を提供することになるのだ。

同じようにジェノグラフィック・プロジェクトも、人類の遺伝的多様性に関する過去に類を見ない包括的なデータベース構築を目標としている。僕たちのDNAに受け継がれた物語は、一人ひとり異なるゲノムのわずかな断片からうかがい知ることができる。その領域を分析し、それぞれの関係性を基に系統樹を組み立てていけば、人類はどこからやって来たのか、また願わくば、どのように現在暮らしている地に行き着いたのかを、推測することができるに違いない。

プロジェクトについてはまた後ほど詳しくお話しするが、その前にDNAから人類の歴史を探りだす方法について、もう少し学んでおく必要があるだろう。そのためには、世界各国から選んだ五人の人々——たとえばニューヨークの一街区で出会うかもしれない人々——を中心に話を進めていきたいと思う。彼らの物語は、この研究の核となる問題を追究するための足掛かりとなってくれるはずだ。最終的にはすべての物語が結び付き、全人類の体内に流れる根源《ルーツ》——五つの大陸をまたぎ、一五万年の時を越えた遺伝子の旅——を見いださせてくれるだろう。

第2章

オディーンの物語▼例外

Odine's Story: The Exception

一二月初旬のある日、僕はバージニア州フリーズにあるオディーン・ジェファーソンの自宅を訪れた。そこは大農園と馬で知られるかのバージニア州ではなく、全盛期を過ぎてうらぶれた工場町だった。一九八九年に地元の繊維工場が閉鎖されてからというもの、人口は下降の一途をたどり、現在ではわずか数百人まで減少している。残った住民の多くは、フリーズに代々住んでいる人たちだ。オディーンは、妻と住むこぢんまりとした家に僕を招き入れ、コーヒーを入れてくれた。近くの町で牧師をしている彼の兄弟も、その日僕に会うために訪れていた。僕らは、オディーンが近所の人たちのためにしている芝刈りやペンキ塗りなどの雑用、そしてフリーズが過去二〇年間に遂げた変貌について、とりとめもなく話をした。やがて話題はここを訪問した目的へと及んだ。僕はオディーンの系譜を調べるためにやって来たのだ。祖先について尋ねると、彼はきっぱりと言った。「私はトーマス・ジェファーソンの血を引いているんですよ」。ほっそりとした体格で、笑うとまばらな歯が見え隠れするオディーン・ジェファーソンの体内には、二〇〇年に及ぶ謎を解く鍵が隠されているのだ。

一九九八年、世界中がある発見に衝撃を受けた。トーマス・ジェファーソン元大統領が、奴隷の一人であったサリー・ヘミングスの子供の父親だったというではないか。この噂は長きにわたってささやかれてきたのだが、その秋『ネイチャー』誌に掲載された科学調査によって、白黒がつけられたように思われた。遺伝学者たちは、ジェファーソンの子孫全員に共通すると思われるDNAの一部を分析した。結果、ヘミングスの子孫も同じ遺伝子パターンを持っていることが分かった。トーマス・ジェファーソンには男系の嫡出子がいなかったため、叔父であるフィールド・ジェファーソンの男系子孫からDNAが提供された。

これはまるで、素人探偵がヘミングス家の屋根裏部屋からジェファーソン一家の懐中時計を見つけ出したようなものだった。大統領自身がサリーの子供の父親だったという決定的な証明がなされたわけではないが（弟のランドルフが父親だとの疑念を抱く人も多い）、遥か昔にジェファーソン家の一員とサリー・ヘミングスの間に子供が生まれたという事実を、遺伝子パターンはいまだに見せつけているのだ。

当初の研究で取沙汰されなかったのは、誰もが思いつく単純だが重要な疑問だった。科学者たちはどうしてジェファーソンが父親だと指摘することができたのだろう？　その答えは、ヨーロッパ人のDNAパターンに隠されている。遥かなる祖先をたどる旅の、最初の訪問地だ。

もつれた糸をほどく

もしも一八世紀後半――トーマス・ジェファーソンが駐仏米国大使だったころのフランスにタイムスリップしたとしたら、あなたは自分がまったく違う世界にいることに気付くだろう。フランスは四つの大陸に植民地を持つ世界の大国だった。当時の支配的な経済勢力であり、ヨーロッパで最も人口の多い国、そして世界一重要な言語が生まれた土地だ。アメリカの第三代大統領となるジェファーソンが、フランスからルイジアナを買収し、若き国家の領土（そして潜在的な力）を事実上倍増させることになる二〇年前である。そのころのフランスは、一九世紀のイギリスや二〇世紀のアメリカが担っていたのと同じ役割を果たしていた。

近代世界における知性のほとばしりは、とりわけルソーやヴォルテールといったフランス人哲学者の書が源泉となっていた。人間の絶対的権利、政府と国民の社会契約、伝統主義に対する合理主義の勝利、そして神授王権。これらはすべて一八世紀後半のフランスに端を発していたのである。こうした知性のほとばしりの究極的な結果が、一七八九年のフランス革命だ。貴族による支配階級を覆し、まったく新しい社会秩序を導いた点で、近代初の真なる革命と呼ばれている。

先進的で知性あふれる環境をよそに、当時の平均的なフランス人の生活は、今日オフィスで働いているパリっ子の生活とは大違いだった。経済学者のデヴィッド・ランデスによると、二〇〇年前に一般的な欧州人が送っていた生活は、わずか五〇年後の孫たちの暮らしぶりよりも、二〇〇〇年ほど昔のローマ人に近かったという。今の僕たちの生活とは比べるまでもない。平均的フランス人の生活様式は多くの面で、紀元前五九年にカエサルがガリア（現フランス）を征服したころからさして変わっていなかったのだ。人々は農地を耕し、地主に貢物（税金）を納め、何人もの子供を産んだが、衛生学や医学の知識不足から幼くしてその多くを亡くした。身長、体重、寿命といった身体的特性も、ローマ時代の人々とほぼ変わっていない。旅をするときは（そんな機会はほとんどなかったが）、徒歩でなければ馬かボートだ。彼らの生活範囲は限定され、現代人の行動範囲よりもずっと狭い領域で展開されていた。

一九～二〇世紀の産業革命がもたらしたすべての変化の中で、僕たちのテーマに最も大きな影響を与えたのが、「移動革命」と呼ばれるものだ。この本を読んでいる多くの方々の先祖は、そのころ遠く離れた別の地に住んでいたことだろう。しかしそれはごく最近の出来事だ。人口統計学者たちは、人口の変動を算定するため配偶者同士の出生地の距離を調査してきた。今日手馴れた素人系図学者なら誰でもやるように、人間の出生・婚姻・死亡・その他諸々に関する教会の記録を手間暇かけて調べたのだ。そこで明らかになったのは、一八世紀後半、夫婦になる男女はわずか数マイル内の距離に住んでいたことだ。すなわち大部分の人が同じ、または隣近所の村民と結婚したことになる。現在の配偶者間の平均距離はその一〇倍にも及ぶ。僕たち

図1　配偶者間における出生地の距離は、この100年間に急速な伸びを見せている。

はまったく異郷の地に住む人間に出会い、結婚するというわけだ。

つまり人類は、これまでより遥かに地球上を動き回るようになった。人類の祖先を研究する遺伝学者にとって、これは何を意味するのだろう？　その答えは、図1のグラフの右側（過去一〇〇年余りの出来事）ではなく、むしろ左半分に存在する。二〇世紀に入る前の移動の相対的乏しさは、人類が同じ場所にとどまっていた傾向を示している。土地によって習慣も非常に異なっていたから、ジェファーソンの時代にパリからピレネー山脈を旅したならば、道すがらびっくりするような伝統文化の違いに遭遇したことだろう。とりわけ、フランス語を実際に話していたのは、当時のフランス全人口の半分以下だった。多くの人々は地元の言語を使い、中にはバスク語やブルトン（ブルターニュ）語など、ルイ一六世やその廷臣の口からこぼれる言葉とはまるで縁遠いものもあった。これもまた移動の少なさの反映だ。言語は比較的隔絶された状態で長い時間——何百年あるいは何千年かけて発達する。同一言語の欠如は、何世代にもわたる地理的慢性の結果だったのだ。そして人間と言語が動きを止めたなら、遺伝子もそこにとどまったはずだ。幾世代にも及ぶ地理的慢性が、遺伝子を割合限られた場所に停滞させた。ということは、人間は一卵性双生児でない限りそれぞれ異なる遺伝子を持っているのだから、地域が違えば遺伝子パターンにもわずかな差異が生じただろう。

だが、個々の違いがどのように地域的な違いにつながるのだろうか？　地域内結婚がその鍵だ。あなたの配偶者候補が、自分の住む村、もしくは隣村の数百人に限られるとしたら、血の濃い薄いはあっても、結局はいとこ・はとこなど自分と親戚関係にある相手に行き着くだろう。その際あなたの子供は、同地域の住民たちとある共通の特徴——そして遺伝子を持つことになる。あたかも住民すべてが同じ曾々々祖父母の血を受け継いだような状態だ。おそらくあなたは、そこに親類関係があることすら気付かないだろう。けれども同じ先祖を持つということは、同じ遺伝子パターンを共有するということなのだ。

最も代表的な例は、一八世紀の農村ではなく（それを遺伝学的に調査するには本物のタイムマシンがないと難しい）、同時期のヨーロッパ王室の一つにある。数々の偉大なヨーロッパ王朝の中でも、オーストリア・ハンガリー帝国のハプスブルグ家は傑出していた。この有力な一族は、子息や子

図2　ハプスブルグ王家の家系図

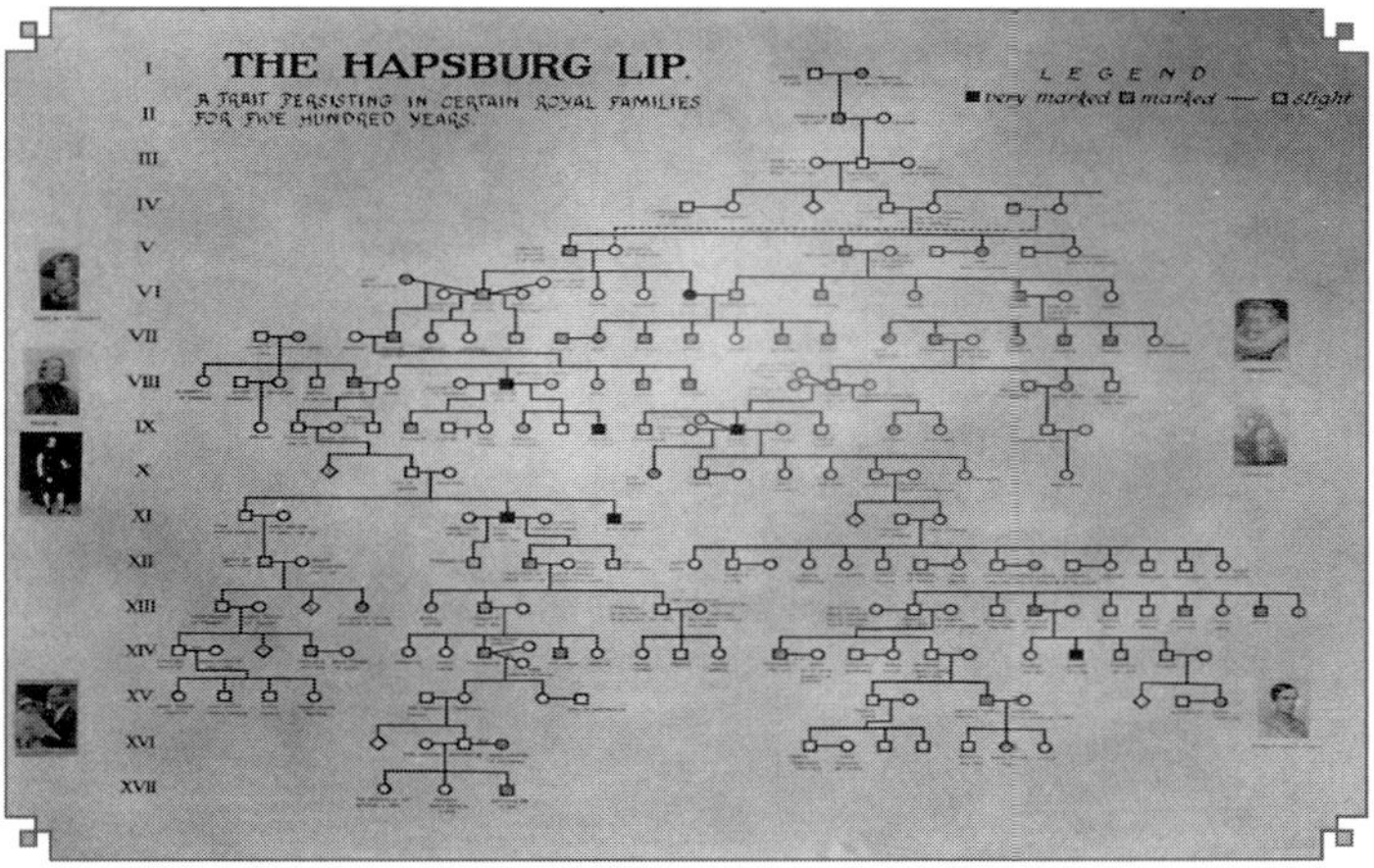

女たちをヨーロッパの主要王室ほぼすべてに送り込むことに成功した。スペイン、ドイツ、クロアチアにまで及び、短命のメキシコ皇帝さえ生み出したほどだ。ルイ一六世の皇后マリー・アントワネットもハプスブルグ家の出身だ。

ハプスブルグ家の勢力は、一六～一八世紀にかけてヨーロッパの王室同士がそれまでになく密な関係を築いたという点で、遺伝子プール（互いに交配が可能な同じ種の集まりのもつ遺伝子の総量）に貢献した。彼らは政治的つながりを強固にするために姻戚関係を結んできた。ということは必然的に、ハプスブルグがハプスブルグに嫁いだということになる。世代を経ると、ヨーロッパ王室の家系図（小規模で地理的に拡散してはいるが、事実上「村」と同じである）は、図2が示すようにかなり複雑に入り組んでくる。

遺伝学を研究する者にとって幸運なことに、

図3　カルロス二世の肖像。突き出た下唇は近親結婚の結果である。

ハプスブルグ家は富と権力（そしておそらく近親嗜好）に勝るとも劣らないものを子孫に残してくれた。彼らの多くは幾分変わった顔の特徴を受け継いでおり、それは肖像画に繰り返し描かれてきた（図3）。マリー・アントワネットも、肖像画ではかなり美化されているようだが、数名の親族と同じようにこの容貌を受け継いでいる。ハプスブルグ家の唇。しゃくれ気味な下顎に特徴付けられるその唇は、第一章で学んだ突然変異による頑固な遺伝的形質だ（具体的にどの領域の突然変異なのかは分かっていない）。実のところ、一般的にはごくまれな特徴なので、この唇を持った人は過去のどこかでハプスブルグ家とつながっているかもしれない。スコットランドのタータンチェックや、紋章の数々と同じように、これは特定の集団に断固として受け継がれた一つの目印なのである。

ハプスブルグ家の例は、その珍しい唇に代表される遺伝的目印が、仲間うちで婚姻関係を持つ小さな集団内では頻繁に現れ得ることを示している。遺伝学用語では、このような集団を「族内婚」グループと呼んでいる。ある範囲に関して言えば、ヨーロッパのすべての村――実際には地球上すべての小地域は、ごく最近まで族内婚の要素を持っていた。遺伝子変異にはさまざまなパターンがあるが、何百～何千マイルもかなたの村に住む人々と比べるよりも、集団内の方が遥かに似通う傾向がある。族内婚は、人間同士の結び付きを調べるのに役立つ基本的な情報の一つなのだ。祖先が明らかでない人の遺伝子変異を示す箇所を、世界中の人々から集めた十分な遺伝子サンプルと比べると、その人の起源と思われる地域が浮かび上がる。それだけではない、祖先がいつごろそこに住んでいたのかを推測することもできるのだ。

チビゲノム

トーマス・ジェファーソンの遺伝子パターンがなぜ彼特有のものだったのか、その詳細を知るためにＤＮＡを検査させてもらいたい——僕はオディーンに一風変わった要望を伝えると、歯ブラシのような形をした綿棒を取り出し、彼の頬の内側にあてて上下にこすり、もう一方の頬でも同じことをした。

これが、分子生物学が誇るハイテク・ワールドへの第一歩。サンプルを無事小さな容器に収めたら、研究室に戻ってさっそく調査開始だ。何がそう僕たちの興味をかき立てたのか？それは、「Ｙ染色体」として知られるオディーンのＤＮＡの一部だった。僕たちのＤＮＡは六〇億塩基対から成っていて、それらはすべて細胞核内にある「染色体」と呼ばれる短い棒状の物質に分かれて収納してある。ヒトの場合は二三対四六本だ。それぞれの染色体の長さはおよそ五〇〇〇万から二億五〇〇〇万ヌクレオチドとさまざまだが、Ｙ染色体はその中でも短い方だ。オディーンは曾々……祖父のＹ染色体とうり二つの複製品を持っている。それはまるで古くから伝わる家宝の腕時計のように、世代から世代へと受け継がれてきた。まれにケースに傷がついたり、部品の交換が必要になったりすることもある——第一章に出てきた「突然変異」

だ。しかし結局のところ、それはトーマス・ジェファーソンが独立宣言に署名したころに持っていたのと同じ腕時計なのである。

僕たちが、オディーンのほかのDNAではなくY染色体のDNAに関心を示すのはなぜだろう？　しょせんY染色体は、限られた目的しか果たさない役立たずな遺伝子で、そうそうたる染色体の顔ぶれの中ではほんの脇役である。女性の体内には存在すらせず、それがなくたって何食わぬ顔で生きている。そんなチビゲノムになぜ注目が集まるのだろう？

その答えは、シャッフルしたトランプに関係がある。僕たちの染色体は、父親と母親からそれぞれ受け継いだものが対になってできている。双方ともまるまる譲り受けたものではあるが、両親とまったく同じというわけではない。なぜなら、親の染色体が子に伝えられるとき、組み換えの作用（シャッフル）によって再構築されるからだ（図4）。この組み換えの間、染色体Aの一部が染色体Bの一部に貼り付けられ、逆にBがAに貼り付けられ、という動作が全長に及んで繰り返される。なぜこのようなことが起こるのかはいまだ謎の部分が多いが、進化上何らかの役割を果たしていなければ、これほど自然界に広まらなかったことは確実だろう。悪性の突然変異が親から子へ伝達されるのを防いでいるのかもしれないし、新しい組み合わせによる良性の突然変異を起こりやすくしているのかもしれない。とにかくその影響は、染色体がその子特有のものになるということだ。一卵性双生児を除いて、まったく同じ外見の子供が一人として生まれない理由の大半はここにある。組み換えのプロセスによって、子供

図4　ほとんどの染色体は、両親から受け継いだＤＮＡを組み合わせたものである。

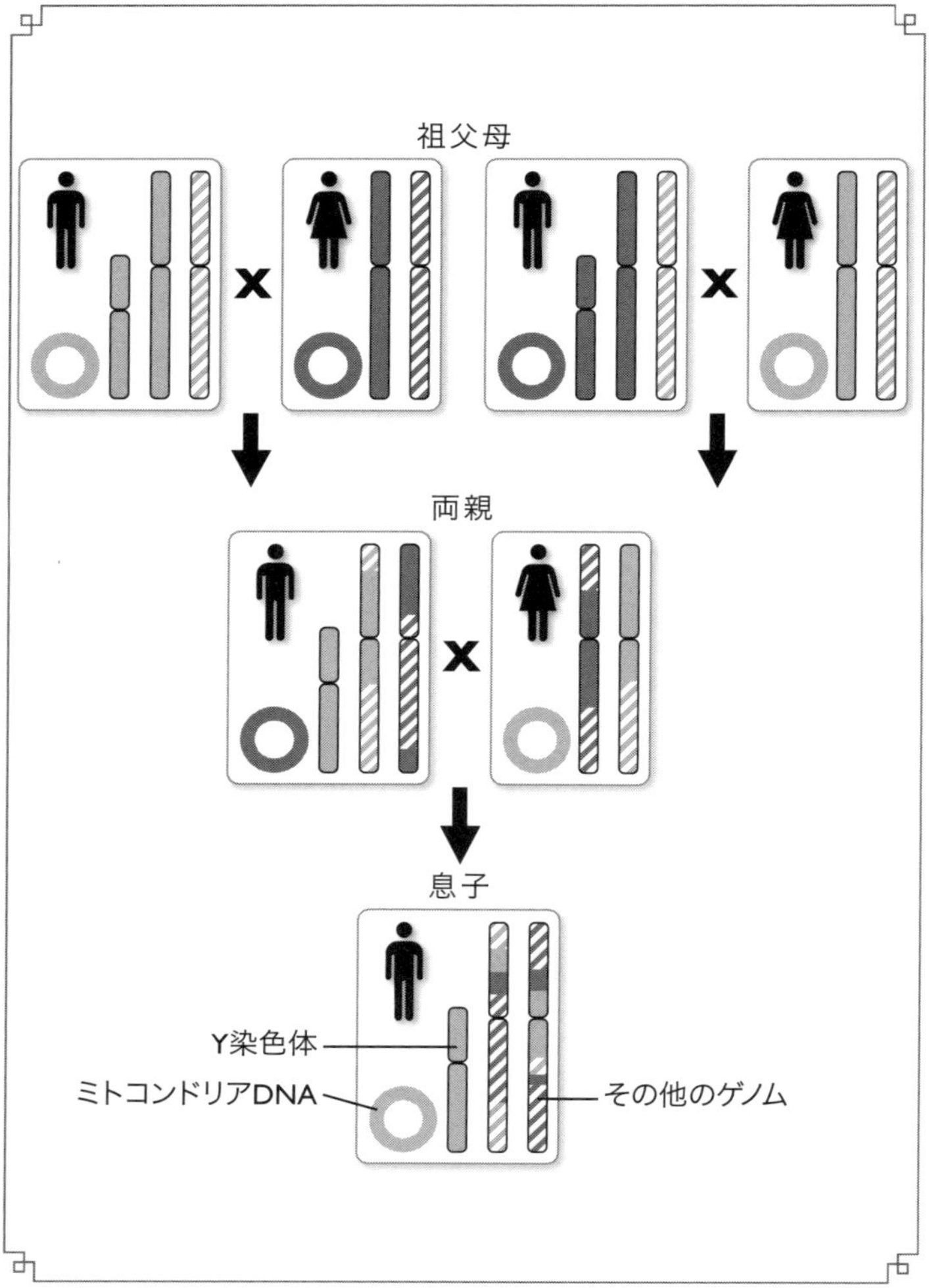

たちの遺伝子は唯一無二の組み合わせを手に入れるのだ。

このような組み換えは進化という点（たとえば種を健全に保つという意味）では有利だが、祖先を追跡する遺伝学者の仕事を極めてやりにくくしてくれる。時の流れに沿った明確な遺伝の流れは、組み換えの発生によって不意に道を絶たれてしまう。組み換えられた染色体の非常に狭い領域（遺伝学用語で「ハプロタイプブロック」という）が、何世代にもわたってその形をとどめていることもあるが、あまりにも狭い領域なので、遥か昔の祖先系統をたどるには至らない。組み換えのないDNAを調査するのが僕たちの理想であり、ずばりそれがY染色体の重要たるゆえんなのだ。

Y染色体は一連の染色体と同じように細胞核内にあるが、気まぐれな性質によって独り身を貫くことになる——ほかの二十二対の染色体のようなパートナーに恵まれなかったのだ。というのも、X染色体と不釣合いな縁組をさせられたY染色体の存在こそが、実は胎児の性を決定付けているからだ（性染色体）。胎児にY染色体があれば男の子、二本のX染色体が完璧な対を成していれば女の子、といった具合だ。Y染色体とX染色体のミスマッチから、組み換えの余地は与えられなかった。二つの染色体は夕食の席を共にすることなど考えられず、互いに何のかかわりも持ちたがらなかった。組み換えは行われず、Y染色体はそのままの形で受け継がれていく。つまりY染色は、僕たちに遠い過去の遺伝系統をさかのぼる素晴らしいチャンスを与えてくれるというわけだ。遺伝系統の分布や歴史を調査するために有効な、組み換えをしない大量のDNAを、僕たちは手にしたのだ。

テキストを読み取る

研究室に到着したオディーンのサンプルは、第一段階としてＤＮＡの単離作業——採取したサンプルに含まれていたであろうタンパク質、細胞膜、塩類などの余分な有機物を取りだすこと——を通過した。これは、彼の口中細胞が持つさまざまな成分の化学的性質を利用した比較的単純な工程だ。ＤＮＡは食塩水に溶けやすい性質を持っているので、食塩水を加えて溶け残った沈殿物を取り除く（時間短縮のために、毎分一万回転以上の遠心分離機を使用）。遠心分離機を経た水溶液中の食塩とは違い、ＤＮＡは水分を失いはじめるとすぐに結晶を形作る。そこで、抽出作業の仕上げとして、無水エタノール（ウォッカを強烈に濃くしたようなもの）を加える。するとＤＮＡ分子は互いに結び付き、低濃度の水に反発して不透明な物質へと姿を変える。ここでその混合物を再び遠心分離機にかけると——ほら、試験管の底にたまっているのは純粋なＤＮＡだ。

ＤＮＡを抽出したところで、次のステップは、僕たちが分析する特定領域のＤＮＡを取りだすことだ。これはちょっと厄介かもしれない——まず、どうすれば僕たちの調べたい領域が分かるのだろうか？　ゲノムとは何十億ものヌクレオチドから成り立つ巨大な情報空間だから、人ひとりのゲノムを解析しようとすれば、たとえヒトゲノム解読完了に携わった研究施設で、全実験機能やデータ処理能力を駆使したとしても、数カ月の月日と数千万ドルの費用がかかるだろう。大勢の人間を研究対象としたときに適した方法ではない。祖先同士のつながりを理解するためには、多くの地域に住む何千人もの人々を広範囲に比較することが必要であり、二〜三人分のサンプルではとても歯が立たない。そのうえ、人間は遺伝的にとても似通っているため、各々のゲノム情報をすべて収集したところで、どのみちほとんどが重複してしまう。血縁関係のない二人のＤＮＡの同じ領域を比べてみると、一〇〇〇カ所中九九九カ所のヌクレオチド配列が一致する。そう、ＤＮＡレベルで言えば人間は九九・九パーセント同じなのだ。実に、進化上一番近い親戚の類人猿に比べても、違いはずっと少ない（種によっても異なるが四分の一から一〇分の一ほど）。これはハプスブルグ家の例と同じで、人類はみなどこかでつながっているという事実を反映している。

全ゲノムの配列決定にかかる莫大な費用は、情報の相対的欠如と相まって、遺伝学者たちの目を人間同士の差異が認められる領域へと向けさせた。こうした遺伝子変異を示す箇所、すなわち「遺伝子マーカー」が、人類の結び付きに関する研究を可能にしてくれるのだ。めったにある現象ではなく、ほとんどが過去のある時点に一個体の中で起きた類まれな事象に起因することから、これはある独自の家系――氏族を表すことになる。もしもあなたと同じ遺伝子マーカーを持っている人がいたならば、その人は過去のどこかで同じ祖先を共有しているということだ。

僕たちが読み取るのは、人類を氏族別に分類する既知の遺伝子マーカーを持つゲノム領域である。遺伝学用語ではこの氏族を「ハプログループ」と呼ぶ――同じ遺伝子マーカー、ひいては同じ祖先を持つ集団だ。僕たちは単離と複製によってDNAの当該箇所を読み取るのだが、それはゲノム内のその他すべてのDNAと相対性を持っている。遺伝学者は通常、こちらの人はAだけれどもあちらの人はTといったような、DNA配列の異なる単一箇所に着目し、それを取り囲む領域に狙いを定める。その領域を何度も何度も複写することによって増幅させることを「ポリメラーゼ連鎖反応」もしくはPCR法という。いわば新聞から一つの文章を選び出し、そこだけを一〇億回以上コピーするようなものである。作業が終わるまでには、あまりにも膨大なコピーの量に残りの記事はかすんでしまい、あなたの注意はその一文に釘付けになってしまうだろう。そうすれば文中のたった一文字の間違いにも気付きやすくなる。PCR法は、僕たちのDNAテキストをそれと同じ要領で増幅させる。このプロセスなら、どんな検査技術を使っても比較的簡単に、特定の個人がDNA文書の当該箇所にどちらの文字（AかTか）を持っているのかを決定することができるのだ。

僕たちはたいてい、それぞれのハプログループの変異箇所と認められる一〇以上の特定領域に対してこれを施す。その結果を基に、個人を一つのハプログループに当てはめることができるからだ。このハプログループなら最初の変異箇所がA、二番目の箇所がG、三番目がC……といったように。Y染色体の場合、この変異領域（遺伝子マーカー）は通常、英文字のM（マーカー［marker］のM）と、発見された順番に基づいた番号で示される。M9、M52、といった具合だ。

各遺伝子マーカーに特有なヌクレオチド配列の組み合わせが、その人の属しているハプログループを教えてくれる。また、文字の変化はすべて祖先型の同じ箇所から派生しているため（たとえばＭ１３０の場合、Ｙ染色体の特定箇所でＣがＴに変化した）、派生した型を陽性（この場合はＴ）、そうでない方を陰性（この場合はＣ）と言い表すこともある。

興味深いことに、遺伝子マーカーのこうした特定のパターンによって、あるハプログループと別のハプログループとの関係が明らかになり、ハプログループ間の系統樹をつくることさえ可能になるのだ（これについては第四章で詳述する）。だが差し当たっては、オディーンの物語に戻ることにしよう。

さらに深く

オディーンのＤＮＡは、ヨーロッパで最も一般的とされる遺伝子マーカーＭ４５、Ｍ１７３、Ｍ１７などと比較分析されたが、すべて祖先型、つまり陰性という結果が戻ってきた。Ｍ９は陽性だったが、これはポルトガルからメラネシア、果てはアルゼンチンまで世界中の人々に見られる遺伝子マーカーなので、あまり有益な情報とは言えない。調査範囲を広げた僕らは、ついに彼がＭ７０と呼ばれるマーカーを保有していることを突き止めた。

Ｍ７０陽性という結果から分かったのは、彼がＫ２というハプログループに属しているということだ。これはオディーンと、結果的にはトーマス・ジェファーソンが、ヨーロッパでは極めて珍しいY染色体を共有していたことをほのめかしている。ジェファーソンとヘミングスについての最初の研究が行われた一九九八年当時には、僕たちが現在利用している遺伝子マーカーのほとんどは発見されておらず、このような染色体は世界でも類を見なかった。そもそもこの希少性によって、科学者たちはジェファーソンとヘミングスの子孫を結び付けることができたのだ。Y染色体多様性の大域的パターンについてより多くが判明している今、僕たちにもわずかばかり多くのことが言える。オディーンが持っているM70陽性の染色体は、中東や北アフリカで最も頻出しており、いくつかの集団では一五パーセントにも及ぶ男性がこれを保有している。ただヨーロッパでは珍しく、実のところ、ヨーロッパ人集団内から採取・調査した何千というY染色体のうち、科学文献に報告されたのはたった一件のみだ。なお、ジェノグラフィック・プロジェクトの開始以来、DNA鑑定の増加によっていくつかの例が先ごろ見つかってはいる。それにしても、合衆国建国の父であり、一見北ヨーロッパ人の典型と思われるこの男性が、どうしてそんなに特異な遺伝子を受け継いだのだろう?

ジェファーソンの難問に頭を悩ます前に、彼の変わった遺伝子パターンを理解するには、僕たちが類別したほかの遺伝子マーカーについて知っておかなければならない。対象となる遺伝子マーカーはどのようにして選ばれたのだろう? 僕たちは犯罪捜査官のように、最も疑わしい容疑者に注目する。ヨーロッパでいつも容疑者として浮上するのは誰なのか、そしてなぜなのか？　世界中のどこを調査しても繰り返されるこの質問は、本書の、そしてジェノグラフィック・プロジェクトの核心であり、全容でもある。

僕たちの科学的目標は、人類の多様性が地球上にどう広がっていったのかを明らかにすることだ。これを遂行するためには、既存するすべての遺伝子データをまとめ、僕たちの祖先がどのように世界の人口を形成していったのか、首尾一貫したイメージを作りあげなくてはならない。そこで必要なのは大量のデータを生み出し、蓄積することである。これによって、オディーンで言うK2系統の分布パターンが認識できるようになるのだから。

模範となるのが、科学捜査だ。世界一大きなDNAのデータベースは、警察の鑑識課にある。英国の警察庁では世界最大――三〇〇万人近い犯罪者のDNAサンプルが収集・調査されている。アメリカFBIのデータベースが持つのは、一〇〇万人以上のサンプルだ。DNA分析が可能な地域では、データベースは犯人を見つけるために使われる。警察が容疑者のDNAを含んだ皮膚細胞をほんの少量入手できれば、それに適合するものがデータベースから見つかることは珍しくない。目撃者の証言や法医学的証拠と結び付けば、DNAは犯罪に立ち向かう強力な道具になり得るのだ。

DNAを使った科学捜査の秘訣は、質の良いデータベースを持つことだ。未知の犯人のサンプルを、一〇〇件、あるいは一〇〇〇件のデータと照合しているところを想像してみてほしい。そこに犯人がいる見込みはかなり低いものになるだろう。しかしその件数が数十万件に達し、とりわけ人口の数まで近づいていけば、その中から犯人が見つかる可能性は大幅に増えていく。

遺伝人類学の分野でも似たような調査を行う。違うのは、僕たちの場合異なった集団を対象とすることだ。刑事の目的は、データベースに含まれる人数に反比例する。一万人なら、まさに万に一つ。もしもデータベースが一般人のサンプルを持っていれば、犯罪者以外の中から偶然に適合者を捜しだすことも可能になる。重要なのは、サンプルデータを大量に持つことである。

ジェノグラフィック・プロジェクトでは、データベースからぴったり合うものを取り出して個人を特定するようなことはしない。僕たちが着目するのは、対象者とつながりがあると思われる世界中の人々の代表的なサンプルだ。必要なのは指紋ではなく、もう少し幅広い関係性を測るための尺度、言ってみれば各々の集団が持つトーテムポールや家紋のようなものである。適合したものがその人の起源に与える意味を理解するには、比較するための特殊なデータベースが不可欠だ。それは全世界を代表するもので、しかも歴史的に筋道が通っていなければならない。一九世紀の移動革命以前の物事のありようが分かるデータベース――二世紀前の世界のスナップショットが必要なのだ。時をさかのぼることはできないが、現代に生きる極めて特殊な人々をデータベースに入れることで、別の方向から成果を得ることができるはずだ。

理想を言えば、何世紀も前に祖先が住んでいたのと同じ地域に住む人々だ。周囲の集団を抜けて最近その地方にやって来た移民からは、ある程度隔絶されていなければならない。また、祖先が営んでいた生活様式をいくらか保っていることが必要で、それは言葉でも、結婚様式でも、ほかの文化的特性でも構わない。要するに、僕たちが求めているのは先住民族なのだ（図５）。

先住民族を含め、地球規模で起こる移動の影響を逃れている人々が本当にいるのだろうか？一部の例ではいるとも言える。僕はアフリカの狩猟採集民やシベリアのトナカイ飼育民の生活を体験したことがある。彼らは身軽で毎日同じ場所にいるわけではないものの、いつも同じ地域で生活を続けているから、集団内では完全に祖先をたどることができる。ところが僕の場合は違う。僕の祖先はイギリス、スカンディナビア、オランダからやって来た。それはこの赤みがかった肌とブロンドの髪の説明にはなるが、かといって僕はそれらの地域の先住民でもなければ、今住んでいるワシントンＤＣの先住民でもない。

なぜこれが重要なのか？　オディーンの遺伝子研究の一環として、最近ロンドンに移住してきたエジプト人からサンプルを採取したと仮定しよう。その遺伝子はイギリス人の代表として、古代イギリスにおける移動パターンを調査する助けになるだろうか？　たとえばイギリス諸島征服時に、ローマ人が先住民と交わりを持ったかどうかという質問に答えてくれるのだろうか？　もちろんそんなわけはない。むしろ、現代生活の特徴となった移動革命の別の例を示すだけだ。この例で言えば、僕たちはエジプト人のサンプルをイギリス人データから除外するだろう。彼の遥かなる祖先は、本来違う場所に眠っているのだから。

世界各地に住む先住民族の遺伝子データを基にデータベースを構築することによって、僕

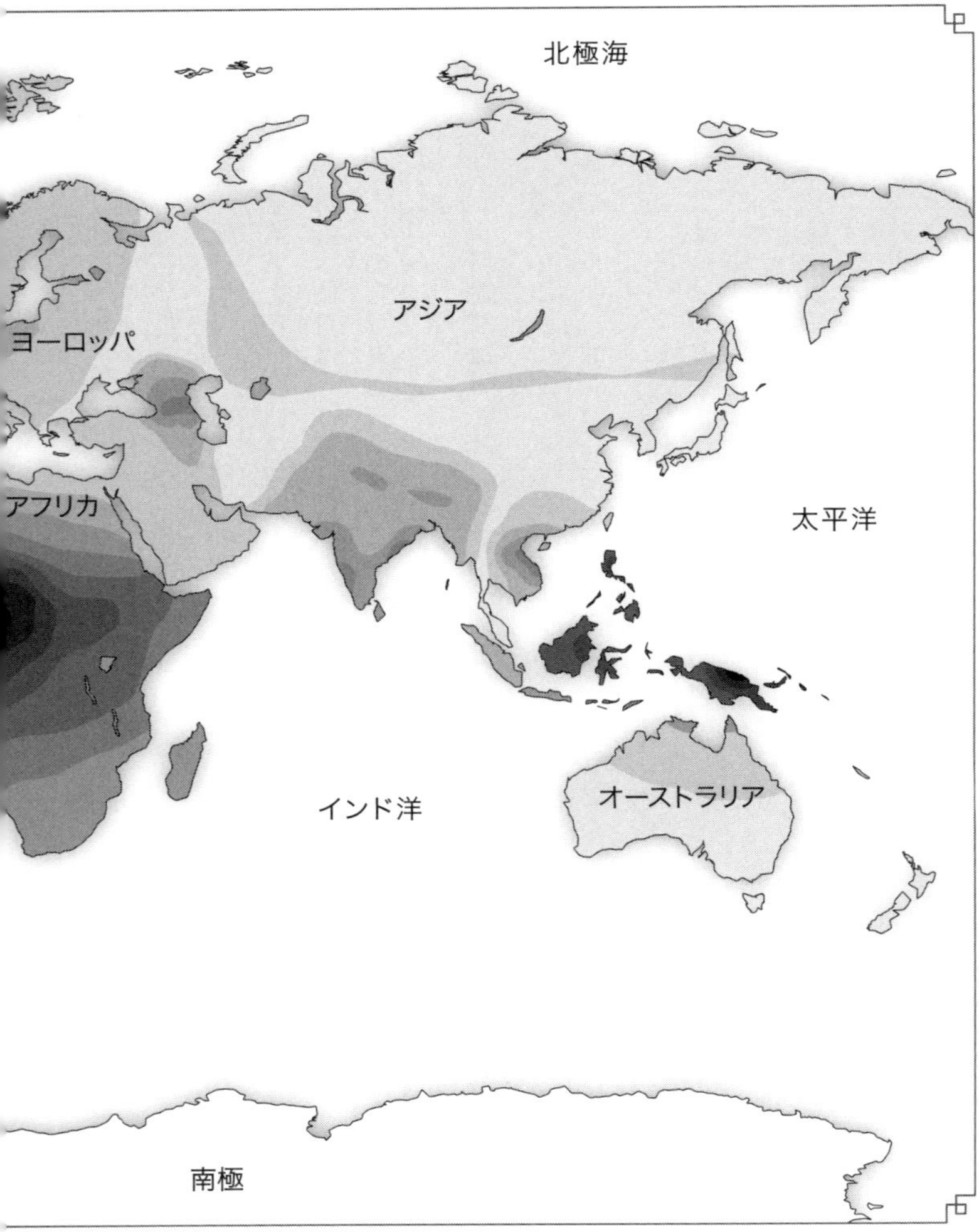
北極海
アジア
ヨーロッパ
アフリカ
太平洋
インド洋
オーストラリア
南極

図5　現在の世界各国における先住民族の人口密度を示した地図。

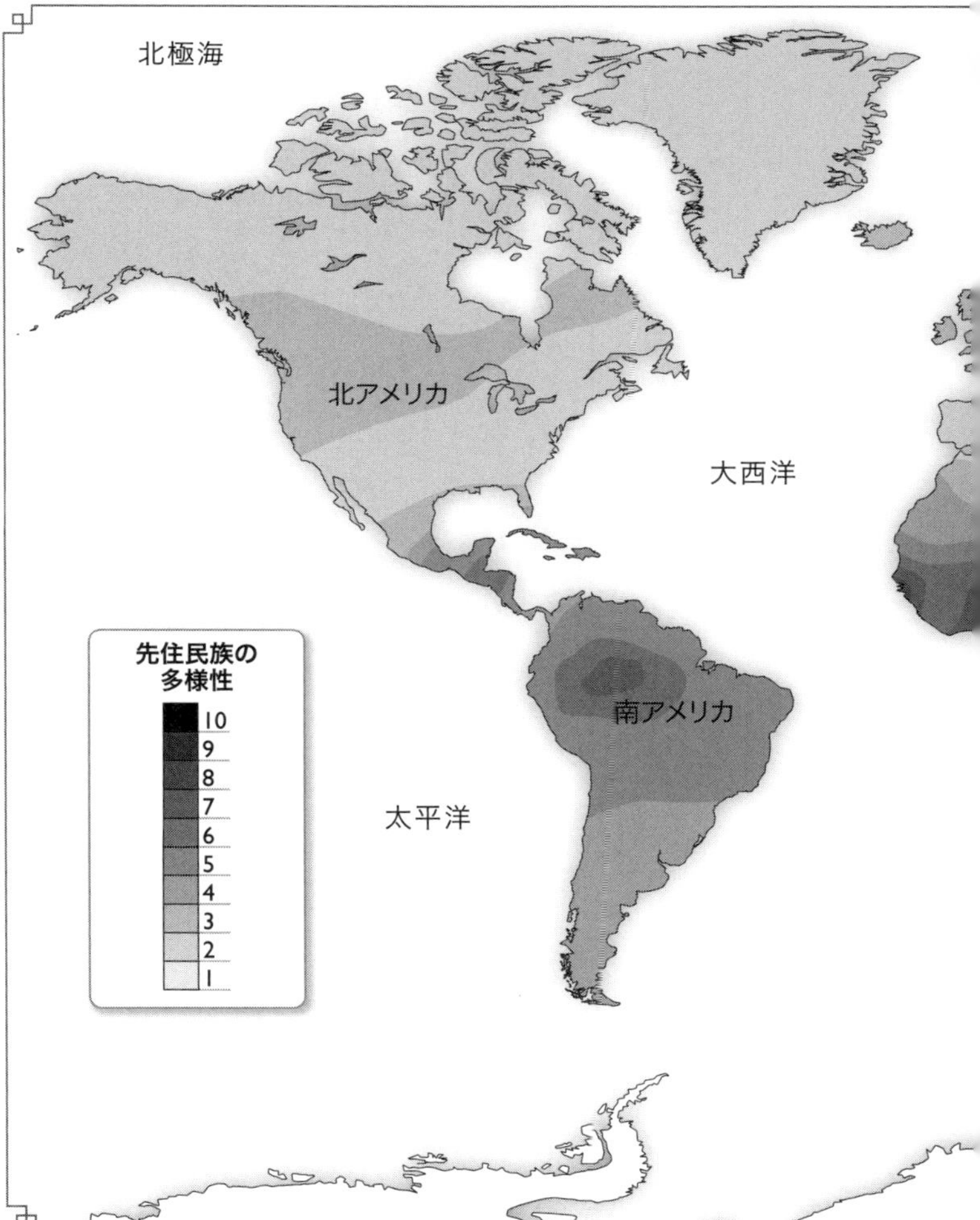

たちは移動革命が始まる前の遺伝子分布パターンを世界規模で再現することができる。現在一万件ほどの上質なデータが先住民から集まっているが、六五億という世界人口、もしくは三五〇〇万人の世界の「先住民族人口」に対して、本当の意味で代表的なサンプルとは言い難い。より多くのデータがあってこそ、人類がたどった遺伝の歴史に信頼できる推論を下すことができるはずだ。そして、それぞれの遥かなる祖先をより深く知るための情報源を、世界中の人々に提供することができるだろう。

ヨーロッパの遺伝地図

データが相対的に限られているにもかかわらず、世界に分布する遺伝子パターンについてはかなりのことが分かってきている。ヨーロッパの集団がとりわけ秩序よく整理されているのは、ほとんどの遺伝学者がヨーロッパ人の子孫だったという単純な理由からだ。彼らは地球の反対側に住む集団よりも、自分自身やその属する集団についてずっと多くを研究してきたのだ。この偏りは道理にかなってはいるが、それによって人類史の展開に誤った憶測が生じてきたことも否めない。

ヨーロッパにはいくつかの明確な遺伝子パターンが存在する——すべてのヨーロッパ人が同じわけではないのだ。オディーンのY染色体の由来を調べるために一連の遺伝子マーカーと比

図6　ヨーロッパ人の主要Y染色体ハプログループR1bの頻度分布図。

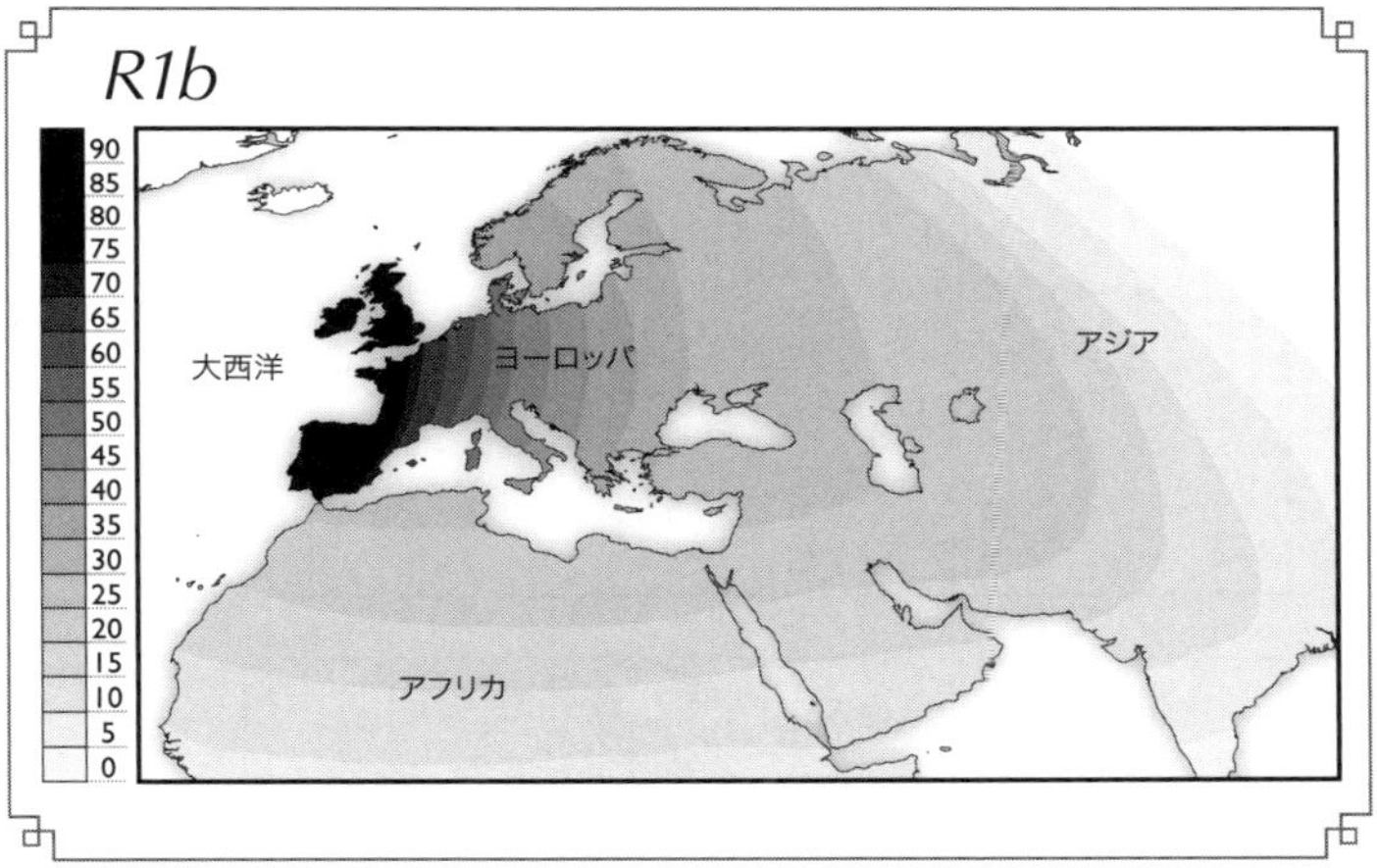

較しているとき、僕たちはヨーロッパの遺伝子パターンについてあらゆる知識を駆使した。次の七通りの図（図6・7）は、多くのヨーロッパ人に当てはまる遺伝的多様性を表している。

データの山から最初に飛び出してきたのは、R1bというハプログループだ。ハプログループとは共通の祖先を持つ集団だということを覚えているだろうか？　ハプログループの命名法はいささか複雑で、文字（大まかな系列を示す。ここではR）、数字、もう一つの文字（系列中の下位集団を示す。ここでは1とb）がひとつながりになっていることが多い。これはハプログループを特徴付ける遺伝子マーカーに基づいて割り当てられている。その記号表示は自動車のモデルに似ている――たとえば「ボルボV70XC」という車種は（ハプログループに相当）、車の部品、エンジン形式や型番、車体番号などによって定められ

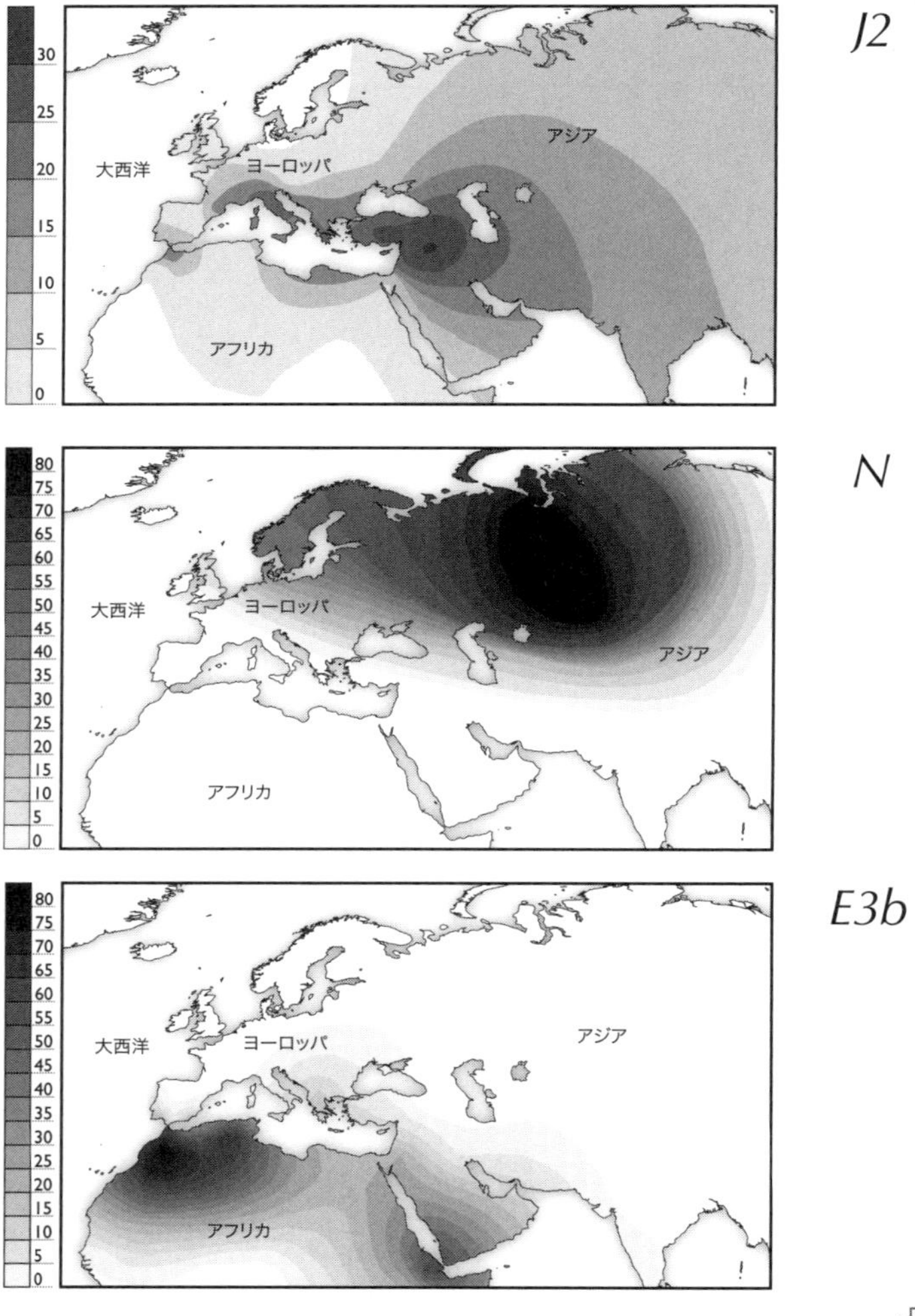

農耕の繁栄にもかかわらず、中東に現れた初期農耕民の血を直接受け継いだヨーロッパ人はほんの少数である。

図7　R1bに続く、ヨーロッパ人の主要Y染色体ハプログループの頻度分布図。

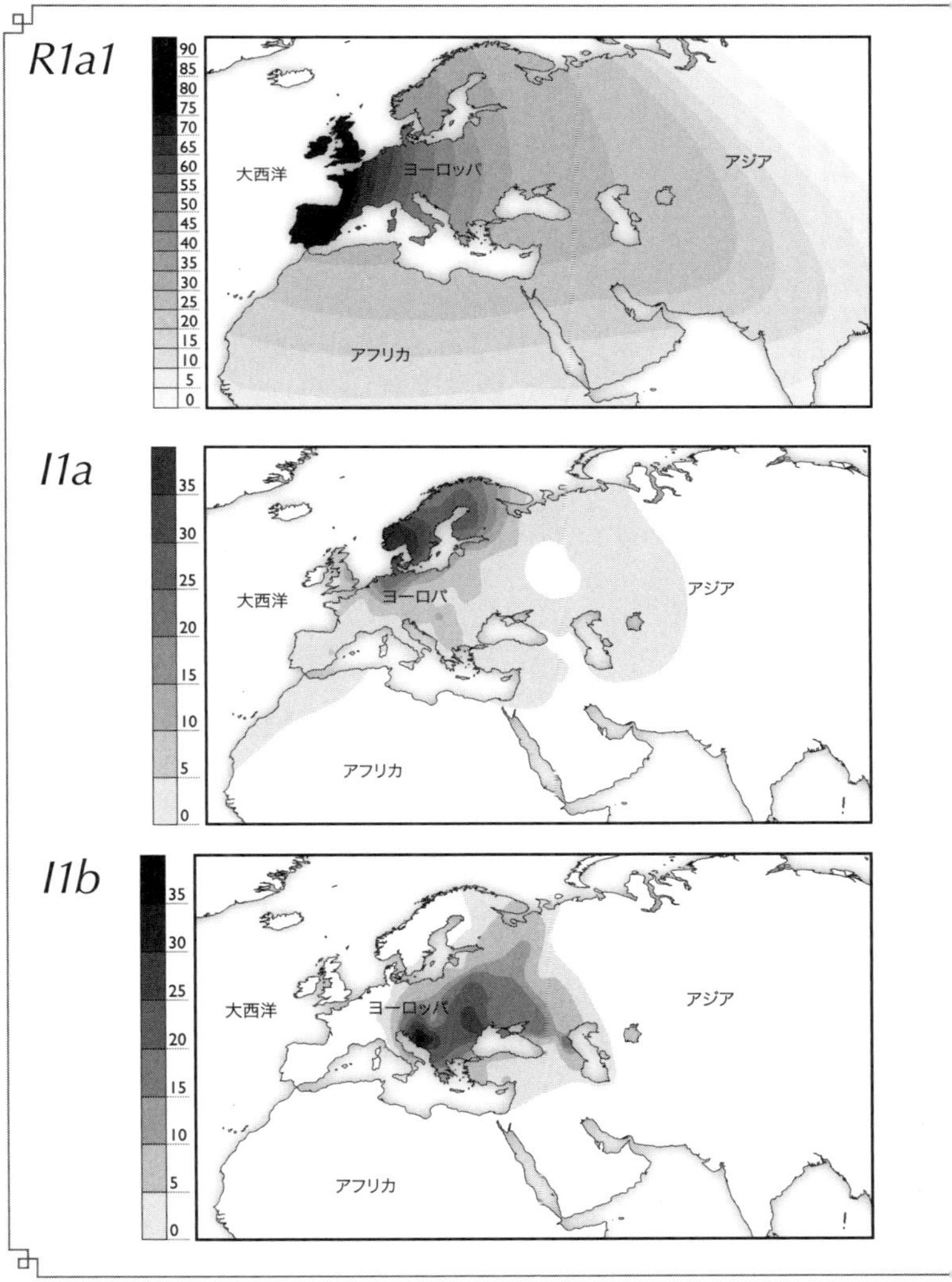

ヨーロッパ人の遺伝子プールのなんと80パーセントが、旧石器時代にやって来た最初の狩猟採集民に由来しており、その子孫は最終氷期極大期を生き延びた。

るが、これは遺伝子マーカーの型に相当する。

Ｒ１ｂは、実はＭ３４３という遺伝子マーカーの存在によって定義されている。Ｍ３４３は、この系統が何度か遺伝子変異を繰り返した末に発生したマーカーだ。Ｒ１ｂは西ヨーロッパでは非常に高い頻度で見つかり、ある地域（アイルランドがその例）ではほぼすべての男性が保持している。ヨーロッパを東に進むにつれて頻度は低下し、ポーランドやハンガリーに近づくころには男性人口の三分の一まで減少する。この結果をいちべつすると、通常西ヨーロッパに住む男性同士のつながりが、中央・東ヨーロッパに住む男性とのつながりよりも、父方の遺伝という意味でより密接だという事実がうかがえる。

Ｒ１ｂの鏡像とも言えるのが、Ｒ１ａ１である。東ヨーロッパではごく一般的なハプログループで、ロシアやチェコの男性の半分以上はこれに属するが、西へ進むにつれぐっとまれになる。興味深いことに、中央アジアやインドでも高頻度で見つかっており、これはＳＲＹ１０８３１・２という特徴的な遺伝子マーカーを初めて保有した男性の子孫が、大昔に広範囲にわたって移動したことを示している。

Ｉ１ａとＩ１ｂはその次に多い系統だ。前者の頻度が最も高いのがスカンディナビア、後者はバルカン諸国である。Ｉ１ａはさまざまな意味でＲ１ｂ分布の模倣と言える。一方のＩ１ｂは独特で、ヨーロッパ中部と南西部に住む男たちの大昔の結び付きを証明している。Ｉ１ａはヨーロッパの大西洋沿岸にも低い頻度で出現しているが、Ｉ１ｂが主に普及しているのは中央及び東ヨーロッパだ。このような遺伝的関連性には、ともに第三章で学ぶ古代の人類移動が関係しているようだ。

次の二つのパターンも、互いに多くの点で似通っている。J2とE3bはヨーロッパ南東部で頻出し、北西部に行くと減少する。また中東ではさらに高い頻度で現れ、これらすべての集団につながりがあることを示している。ヨーロッパ全域でE3bの頻度が最高なのはギリシャで、二五パーセントの男性がE3b氏族に当てはまる。とはいえ地中海沿岸地方ではかなり少なくなり、ヨーロッパの多くの集団内では比較的まれである。

最後のハプログループNは、スカンディナビア北部と東ヨーロッパで最も頻繁に現れ、南西に進むにつれて激減する。このパターンは、スカンディナビアと西ヨーロッパの集団間の分離をはっきりと見せつけている。一見驚くべき結果だが、人類移動の別の流れを示しているのだ。

以上七つの氏族は、ヨーロッパ人集団内で見つかったハプログループの九五パーセント以上を占めている。どれも過去のある時点でたった一人の男性が起源となっており、その男たちこそがヨーロッパを形成した父なのだ。彼らが生み出した七つの氏族は、母国を出て広大な領土へと広がっていった。だがヨーロッパの父とは何者だったのか？　そしてほかの者が取り残されていく中、彼らの息子たちはどのようにして成功をつかんだのだろう？

そしてオディーンについては？　残念ながら、その答えはまだ闇の中である。彼は中東に起源を持つと思われるY染色体系統に当てはまる。しかし比較できるヨーロッパ人のサンプルが不足している状態で、一族の分布パターンを説明するのは非常に困難だ。ジェファーソンが属するK2の祖先は、比較的最近（数千年ほど前）、地中海沿岸地域の貿易商に連れられてイギリスにやって来たとも考えられるが、現在のところは推測の域を出ない。オディーンの物語を深く掘り下げるためにも、ジェノグラフィック・プロジェクトはより多くのサンプルを求めている。

オディーンの謎は別としても、図6と7のデータはまるで発掘現場から掘り出された証拠品のようではないか。七つの遺伝子パターンは、スペインとアイルランドの男たち、スカンディナビアとシベリアの男たち、そしてバルカン諸国とシベリアの男たちを結び付ける古代の絆なのだ。しかしそこに刻まれる歴史を理解するためには、遺伝子パターンを層状に配列し、考古学、気候学、言語学といった別の分野からのデータを補足していくほか道はない。発掘した遺伝子の層に順序と年代を定める方法を見つけだすこと——それが僕らの次なる旅の目的だ。

第3章

マーガレットの物語▼ふるさと

Margaret's Story: The Hearth

僕の祖母マーガレットの物語は、多くのアメリカ人の物語と同じように幕を開ける。祖母は一九一七年、ネブラスカ州オマハで、中産階級のスカンディナビア人一家のもとに生まれた。彼女の両親は二〇世紀初頭にデンマークからアメリカへの移住を果たしていた。全体主義体制や飢餓から逃れるためではなく、新世界での生活により多くの希望を見いだしたからだ。マーガレットの母ゲルダは、デンマークのオールボルグという小さな町の出身だ。姉妹を追って渡米し、ネブラスカ州ブレアのデンマーク人居住地に身を落ち着けた。父のエミールはスウェーデン人農家の息子で、一家は一九世紀にデンマークに定住していた。エミールは金髪で、ゲルダのがっしりとした印象とは対照的にほっそりとした二枚目――そして夢想家でもあった。家具工をなりわいとしていたが、独学の知識人・社会主義者・無神論者でもあり、一九世紀末前後に書かれた階級関係についての文献を、ほとんど残らずむさぼり読んだ。彼はアメリカの目新しさに心奪われ、一九〇八年の大部分を自由気ままなボヘミアンのごとく過ごした。渡り労働者たちとともに列車で国中を巡り、さまざまな可能性を手に入れたのだ。

マーガレット、ゲルダ、エミールはスカンディナビア人で、先祖はずっと北ヨーロッパに住んでいた。しかしながらマーガレットの物語は、両親が生まれた寒冷の地とはかけ離れた場所へと僕たちを導いていく。彼らのＤＮＡがよその地域と関係しているなんてばかげた考えかもしれないが、マーガレットのＤＮＡは確かにそれを物語っているのだ。

彼女の遺産は、「ミトコンドリアＤＮＡ」（ｍｔＤＮＡ）という遺伝物質の形を借りて、現代まで――この僕まで受け継がれている。この物質はＹ染色体の女性版に当たり、第二章で学んだ父方の遺伝系統と同じように、母方の系統をたどるための手段を与えてくれるものだ。ところが、その手段というのがちょっぴり異なる。マーガレットの物語を詳しくお話する前に、まずこの点を説明していこう。

住み着いた微生物

一八世紀以降、生物学者たちは生き物を体系的に分類してきた。目まいがするほど多様な地球上の生物に、リンネウスが序列をつける役目を買って出たころの話だ。それはヨーロッパ植民地主義時代の前半。リンネウスの途方もない任務は、単に母国スウェーデンで見つけた生物種だけでなく、それまでにない勢いで発見され、ヨーロッパへ持ち込まれた種の分類にまで及んだ。博物学者たちは、在来種とかかわりのある種を識別するために何らかの方法を必要とした。そこでリンネウスは、それに応えるべく新しい命名法をつくりあげた。生物を共通の特徴――ヒレの数やひずめの形――を基に階層的にまとめることによって、互いの関係性を明らかにしたのだ。リンネウスが怠ったことと言えば、なぜ生き物をこのように分けたのかを説明しなかったことだ。ダーウィンは一〇〇年後、こうした区別は生物共有の歴史がもたらしたものだと指摘するが、リンネウスはただただ神の創造物である植物や動物を、種・属・門、そして二つの界「動物界」と「植物界」に分類したのだった。

現在、「原生生物界」(原生動物や藻類などの単細胞生物)や「菌界」といった新しい界が、リンネウスの植物界から分裂している。彼が完全に見落としていたのが「モネラ界」で、一九世紀末期にエルンスト・ヘッケルが初めて発表した。顕微鏡検査の発達によって、科学者たちはそれまでになくつぶさに微生物を観察できるようになったのだ。惜しむらくは、ヘッケルの発見したのがたぶんバクテリアではなかったことだが(アルコール添加時に溶液中で凝集した結晶石膏だと思われる)、にもかかわらず名前だけは居座った。二〇世紀初めに顕微鏡検査技術がさらなる進歩を遂げ、驚くほど多様なバクテリアが発見されると、科学的正確さはともかくとしても、彼に先見の明があったことは証明された。その後ＤＮＡ技術を使った最近の研究により、モネラ界はその後「古細菌界」と「真性細菌界」に分かれている。

科学者は相も変わらずリンネウス式分類法の実用性をたたえ、より多くが明かされ変化が生じた今も、基本構造を変えようとはしない。今日でも新しい植物種はラテン語表記される——一つにはリンネウスに敬意を表すために、そしてもう一つには、リンネウスが意図したように、それらを不変の実体だと思わせるように。

リンネウスが考案した命名法の基本前提の一つに、生物は単一の実体しかとらない——言ってみれば動物と植物の両方にはなり得ない——というものがある。しかし近年の遺伝学の進歩から、人類を含む多数の生物が、実は「キメラ」（同一個体内に異なった遺伝情報を持つ細胞が存在していること）であるということが分かってきた。少なくとも細胞レベルにおいて、人間は動物とバクテリアの結合体なのだ。さて、ここで話の本筋に戻ろう。

第一章でお話した染色体DNA（Y染色体を含む）のように、細胞核の内側にあるDNAを「核DNA」と呼ぶ。ミトコンドリアDNAというのは、細胞核の外側に存在しているDNAのことである。このDNAは、細胞質（細胞の核以外の領域）の中で生き延びている「ミトコンドリア」と呼ばれる小器官に存在している。ミトコンドリアは独自の膜を持ち、そのDNAは、核DNAのような線状ではなく環状なのだ。これがmtDNAの起源を知るうえでの手掛かりとなる。というのも本来、環状のDNAを持つのはバクテリアだけだからだ。このことから、ミトコンドリアはかつて単一で生息していたバクテリアで、おそらく一〇億年以上前に細胞に飲み込まれ、徐々に細胞機能の一部になったことが明らかになる。

ミトコンドリアは、細胞内でエネルギーを生成する役割を持ち、そのためには核ゲノムに符号化されたタンパク質のみならず、自らのＤＮＡに符号化されたタンパク質をも利用する。ミトコンドリアが機能するために不可欠な遺伝子は三七種類。単一体のバクテリアが所有する何千というほかの遺伝情報は失われてしまったが、そのうちのいくつかは核ＤＮＡに移り住み、僕たちの遺伝子構造のキメラ性を高めている。しかし概して、ｍｔＤＮＡは合理化された遺伝子パックであり、一万六五六九塩基対にはほとんど無駄がない。

ｍｔＤＮＡは細胞質に存在することから、細胞核内の染色体のように両親の組み合わせに影響されない。誰もが母親から受け継ぐ。男性もｍｔＤＮＡを保有するが、子に伝えることができるのは女性のみだ。これをたどっていくと、純粋な母系祖先に行き当たる。

これには繁殖のプロセスが起因している。精子の頭部〔核〕にはきっちりと束ねられた染色体が詰め込まれていて、その中には、唯一の寄贈品となる遺伝成分が入っている。受精時にその成分は卵子の核へとたどり着いて融合し、やがては子の体内にあるすべての細胞へと行き渡る。精子の核以外の部分は消滅してしまい、受精した胚には何一つ残らない。受精卵の中にあるものはことごとく、ミトコンドリアにしろ、細胞の維持に必要な働きをするほかの組織にしろ、母親の卵子から譲り受けたものなのだ。

デンマークのベドウィン？

母系の祖先をさかのぼる手段として使われるｍｔＤＮＡは、僕たちに母親の母親の……その また母親のことを教えてくれる。この手段をマーガレットに応用してみよう。彼女のｍｔＤＮＡは、ヨーロッパにいたはずの先祖について何を教えてくれるのだろう？

マーガレットのｍｔＤＮＡを検査した結果、僕たちは彼女がＪというハプログループに属していることを突き止めた。このグループの西ヨーロッパにおける分布は、図1のとおりである。Ｊは中東の集団において最も頻度が高く、アラビア半島の遊牧民族ベドウィンでは二五パーセントにも上る。ヨーロッパの大部分では一〇パーセントまで減少するが、ドイツ北部とイギリスでわずかに頻度を増す。Ｊ氏族は中東からヨーロッパへ移動しているようだ。ということは、僕の祖母はベドウィンだったのだろうか？

僕の砂漠好きもむなしく、答えはノーだ。その理由は、移動が行われた年代と、ハプログループＪの系統がヨーロッパに現れてからの時間に関係している。Ｊがヨーロッパに住み着いてから何千年もたっていることが分かったのは、各系統の多様性パターンから推測した結果である。ではどうやってそれぞれの系統の古さと、起源地から現在の場所に移動した年代が測定できるのだろう。

図1　mtDNAハプログループJの頻度分布図

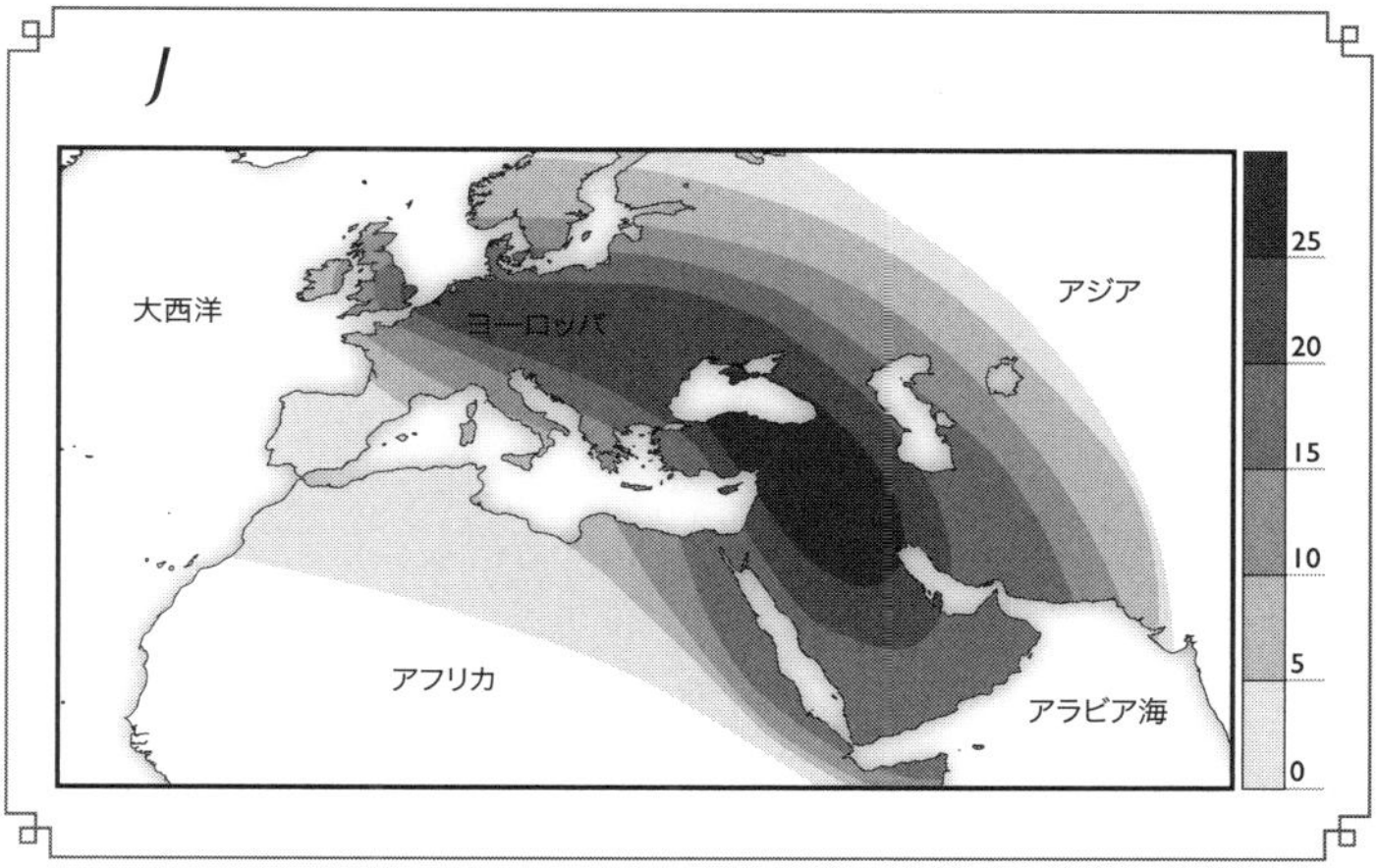

第一章で学んだ突然変異を思い出してほしい。ＤＮＡ配列の変異は、まれではあるが測定可能な割合で発生する。ハプログループを特徴付ける突然変異もそうだし、その後ｍｔＤＮＡの別の領域で発生した突然変異も然りだ。氏族を特徴付ける突然変異によって生まれた氏族の創始者を、仮にジョーンズと想定してみよう。その一族のもとで起こったほかの変異は、エリザベス、ジェーン、スーザン、ルーシーといった名前になる。各世代の全員が同じ人数の子供を授かると前提する。何世代にも及ぶ系図学的な記録（出産証明書や結婚許可証）から名前を引っ張り出して勘定すると、氏族の存続が長いほど新類縁者の名前も多くなるのは言うまでもない。二世代前に現れたばかりの氏族の構成数は、人数を増やす時間が短かったわけだから、二〇世代前にできた氏族の構成数よりも少なくなるは

ずだ。

　僕たちが研究しているハプログループ氏族についても同じような年代測定のシステムが適用されていて、そのほとんどが数千年あるいは数万年という古さであることが明らかになっている。Ｊの場合、その多様性から、一族の創始者（突然変異により氏族を特徴付ける特有なＤＮＡ配列を持った最初の女性）は五万年の昔に生きていたことになる。しかも中東に暮らすＪ氏族のメンバーが、ヨーロッパの親類縁者よりも多くの「名前」を持っていることから推測すると、Ｊ氏族がヨーロッパに広がったのはわずか過去一万年の間だったことが分かった。そうなると、僕の祖母まで遺伝の痕跡を残したのが、一八世紀に幸運にもヨーロッパに迷い込んだベドウィンだとは考えにくい。むしろ、移動が行われたのはかなり昔、現代デンマーク人の先史時代の祖先が定住したころに違いない。この移動はなぜ、どのようにして起こったのだろう。それは僕らが次に立ち向かう問題だ。

追跡

　およそ一万年前のある時期、Ｊの子孫はふるさとの遺伝的きずなを背負いながら、生誕地である中東を離れヨーロッパへと広がっていった。では彼らはなぜ、一万年ほど前にこのような移動を決意したのか？　約五万年前から中東に住んでいたのなら、決心するまでどうしてそんなに長い時間がかかったのだろう？　それを知っておくのも面白そうだ。

この疑問に答えることは、僕たちの研究が複数の学問分野にかかわることを示す最初の例となる。われわれ遺伝学者が調査するのは、ハプログループJや第二章で見てきたY染色体氏族のような、遺伝系統の分布だ。データはある特定の期間に起こった移動を示しているが、人類はなぜ、またどのように遠い道のりを旅したのか？　DNA鑑定が答えてくれた「いつ」「どこで」「誰が」に加え、「なぜ」「どのように」は祖先の旅立ちの動機と手段を教えてくれるはずだ。

「なぜ」「どのように」を探る旅の格好のお供には、考古学が浮上してくる。祖先がどのように生活し、考え、そして移動したのかさえも解き明かしてくれる学問だ。これは過去にさかのぼって他人の持ち物を丹念に調べるようなもので、たとえ本人がその場で耳打ちしてくれなくても、そこで見つけた品々はその人物の生活をこと細やかにあぶり出してしまう。誰かが今あなたの所持品を調べているとしよう。食器棚いっぱいの陶磁器や素晴らしいアートコレクションを見つけて、彼らはあなたが金持ちだと考えるだろうか？　それとも、引き紐《リード》や抜け毛だらけのブラシから、あなたが犬を飼っていると？　ほんの小さな手掛かりでも、背景を伴えば非常に多くが見えてくるのだ。

考古学者たちは同様のやり方で、過去の生活についての詳細をつなぎ合わせていく。石器の製造方法や陶器の装飾模様が、それを作った人々のことを雄弁に語ってくれるのだ。私立探偵が証拠集めにごみ箱をあさるように、考古学者も貝塚として知られるごみの山を嗅ぎ回る。ただし捨てられてから何世紀もたったごみだ。その他の証拠と結び付きながら、古代のごみ箱は大昔の文明についてたくさんのヒントを与えてくれる。

同じ地域にあるたくさんの遺跡を調査していけば、長い時間をかけた大規模な変化や、貿易や移動による類似点を広範囲で見つけることができる。二〇世紀前半に中東で発掘調査をしていた考古学者たちが突き止めたのは、まさに大規模な範囲に及ぶ類似性だった。彼らの発見は、人類の生活様式が一八〇度変わったこと——人類史における最も重要な転換期の一つ——を示唆したのだ。著名なオーストラリア人考古学者V・ゴードン・チャイルドは、これを「新石器革命」と呼んだ。

「新石器時代（Neolithic）」と「旧石器時代（Paleolithic）」は、しばしば「石器時代（Stone Age）」という一般用語に集約される。共通する接尾語［lithic］が、ギリシャ語で石（lithos）を意味するからだ。この呼び方は、イギリスの銀行家ジョン・ラボックによって考案された。彼の一八六五年の著書『開化起源史（*Pre-historic Times*）』には、旧石器時代から新石器時代の転換期に見られる石器の変化が書きつづられている。ラボックは、複雑化していく生活用具に目を向けただけでなく、農耕以前の時代に使われていた比較的簡素な道具と、人々が農村に身を落ち着けた後に使用していた道具の著しい違いに着目したのだ。

新石器革命で何が行われたのか、その内容が綿密に紡ぎ出されたのはここ数十年のことであ

図2　肥沃な三日月地帯。カラジャ山で初めて小麦が栽培化されたと言われている。

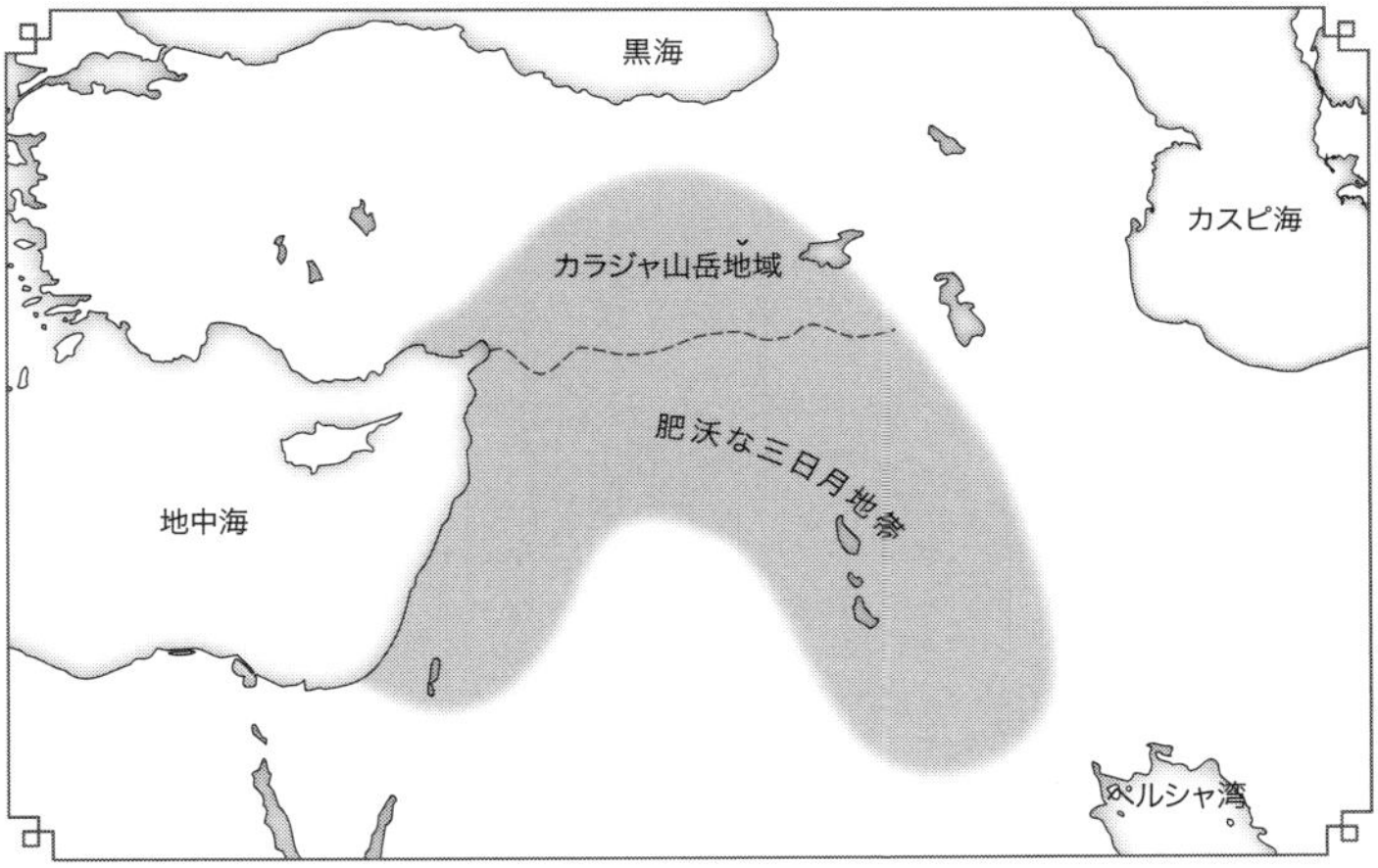

る。はっきりしているのは、今からおよそ一万年前に、中東の人々が住みかを定めて食物を育てはじめたことだ。これは、「肥沃な三日月地帯」（図2）と呼ばれる地域でほぼ同時期に起こった。レバノンとイスラエルの地中海沿岸から、シリア、イラクへと伸びる一帯である。チュタル・ヒュユク、アブ・フレイラ、ジェリコーなど初期の遺跡がこの地域からいくつか発掘されているが、それらの集落はまるで一晩のうちにひょっこり姿を現したかのようだった。

この生活様式の変化が、人類集団に素晴らしい影響を及ぼしたと言い切るのは難しい。チャイルドが「革命」と呼んだのは的確で、これはかつての物の考え方をひっくり返すようなことだった。化石からたどる最初の人間らしき生物の記録以来、人類は狩猟採集民として暮らしてきた。動物の群れを追い、季節ごとに食物の豊富な場所を拠点にして、方々を巡り歩いてきたのだ。彼らは知恵を頼りに、獲物を罠にかけ、頭に描いた地図をもとに行動した。また、常に移動していたことから、割合少人数の集団で生活していた——少なくとも次にやって来る時代に比べれば。

現在、狩猟採集民族は地球上にほとんど存在していない。タンザニアのハザァベ族（図3）やカラハリ砂漠のサン族は、全人類がそのような生活をしていた時代との文化の架け橋になってくれるが、大多数の人間はそんな生き方を遥か昔に捨て去った。新しい生活様式が優れているからではない（ありのままの生き方が許されれば、狩猟採集民は極めて健康なのだ）。農耕がもたらした革命によって、人口が爆発的に増大したからだ。初期の農耕民はやがて、増え続ける家族を養うに足る食物を産出するため、畑に縛り付けられるようになる。

農耕時代の幕開けとなった一万年前、世界の全人口は、居住可能な大陸に広がる数百万の狩猟採集民だけだった。今日それは六五億人以上、今世紀半ばまでには約一〇〇億人に達する勢いである。この驚異的な伸びは、当初から快調な滑り出しを見せていた。農耕は肥沃な三日月地帯に始まり、東は中央アジアの川沿いを通ってインド亜大陸まで（インドの農耕起源は別にあったとする説もある）、そして西はヨーロッパまで、瞬く間に広まっていったのだ。考古学的な根拠に目を向ければ、農耕の普及こそがヨーロッパで使われていた生活用具に変化を与えたという事実がはっきりとうかがえる。炭素14年代測定によると、ヨーロッパ南東部の最初の農村は約七〇〇〇年前につくられたが、ヨーロッパ北西部に農村ができてからはまだ五〇〇〇年しかた

図3　東アフリカのタンザニアに住むハザァベ族

っていないという。これは、農耕が数千年をかけて中東の中枢起源からヨーロッパに伝わっていったパターンと、ぴったり同じなのだ。

農耕の拡大については、一九七〇年代に二つの仮説が提起されている。第一の説は、田畑を耕すことの利点に気付いたヨーロッパの先住民族が、文化的現象の一つとして導入したというもの。初めて誰かが種を植えてそこに定住しようと決心したとき（これはおそらく女性だった。狩猟採集民族の女性は代々採集を担当し、いつでも種子を入手できたのだから）、周りの集団はすべて狩猟採集民だっただろう。隣人たちは収穫物に刺激されて自らも作物の育て方を学ぶ。このプロセスがヨーロッパ中で繰り返されていくと、イギリス諸島の住民が革新的な進歩をわがものにするまでには、数千年という年月がかかったに違いない。ヨーロッパの農耕開始期に勾配がある理由も、これで説明がつく。

もう一つは、遺伝学者のカヴァッリ＝スフォルツァと、考古学者のアルバート・アマーマンが一九七〇年代に打ち出した説で、移動したのは作物を育てるアイデアだけではなく人間だとするものだ。この筋書きでは、最初の農村から生まれた大勢の子孫が周囲の先住民族を圧倒し、その間にも自分たちの遺伝子をまき散らした、ということになる。これが事実なら、ヨーロッパに遺伝子が広がっていく経緯は、農耕が広がっていく経緯（図4）を再現したものになるはずだ。

すでにピンときているあなたは、ご名答――Jという氏族の分布こそが、カヴァッリ＝スフォルツァとアマーマンの理論を支える一つの証拠となるのだ。Jが中東からヨーロッパに拡大した理由はこれしかないと、僕たちは確信している――約一万年前に初期の農村に生まれ、自らもハプログループJの一員であった一人の女性。彼女が授かった数え切れないほどの子孫たちは、何十世代にもわたって氏族の血を故郷から遠く離れた場所まで運んでいった。初めて種子をまき、人口増加に火をつけたのは、Jの一員だったかもしれないのだ。

マーガレットは一九九六年に他界したが、僕と母は彼女のミトコンドリアＤＮＡを受け継いでいる。祖母の片鱗は今も僕たちの体内に生きつづけているのだ。僕たちもまた中東の初期農耕民に結び付いていると考えると、胸が高鳴る。自分の祖先がヨーロッパの文明発展において重要な役割を果たしたことになるのだから。祖母が生きていてこの話を聞いたら、同じよう

図4　新石器時代における農耕の普及を示した地図。

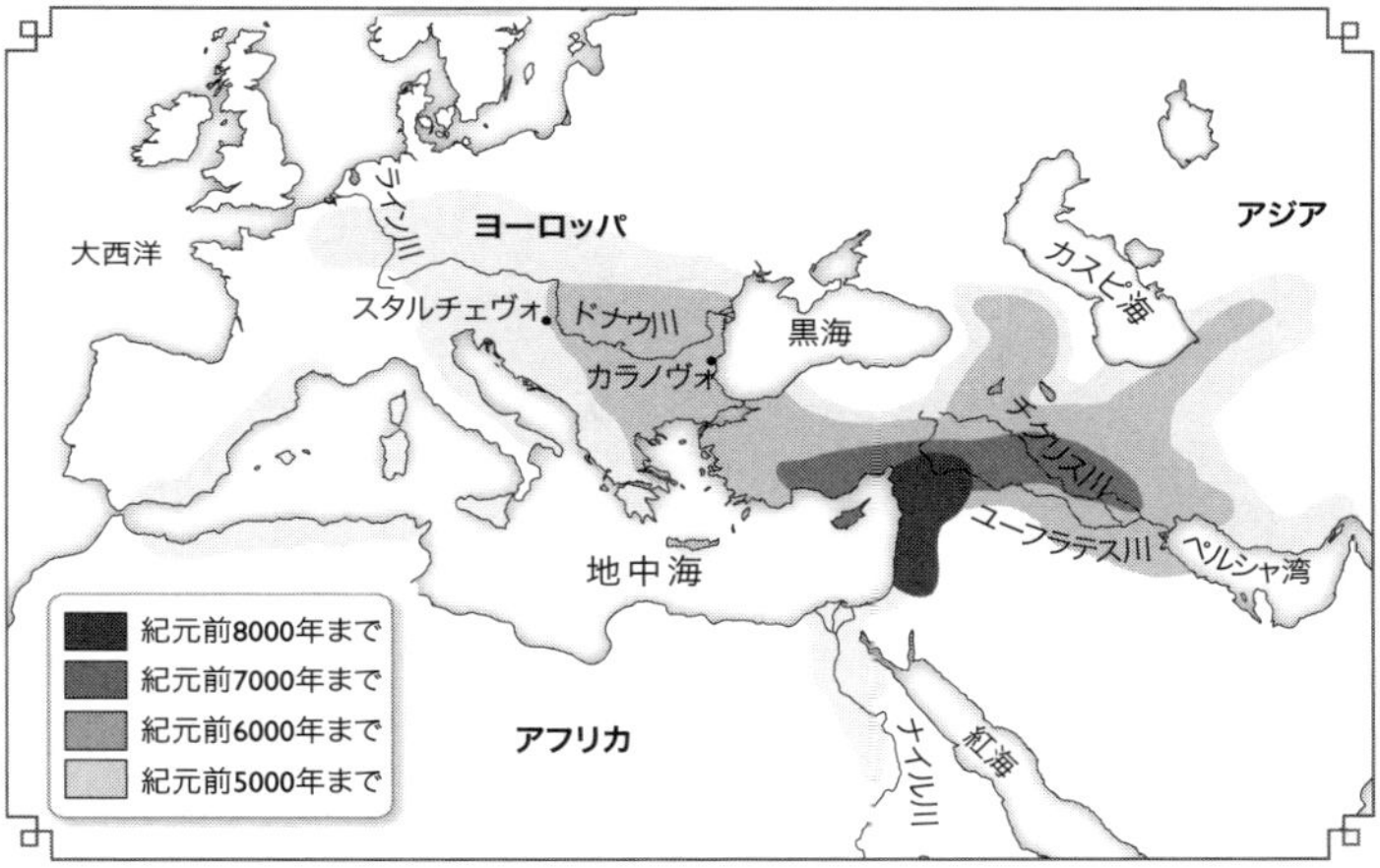

考古学的見地からその地域に最初に到達した年代を示している。

に胸を躍らせたに違いない。生まれ故郷のデンマークから遠く離れた地に自らの起源があり、曾々……祖母が最初に農耕を始めた人間の一人かもしれないとは。彼女のこんな声すら聞こえてきそうだ――どうしてこんなに庭いじりが好きだったのか、これでようやく分かったわ。

しかし話はもう少し複雑だ。まずは、図1にあるハプログループJの不自然な分布のしかたに着目してほしい。中東では最も頻度が高く、北西へ進みヨーロッパへ入ると減少するが、北部の沿岸地方に行くとより一般的になる。Jはデンマークとイギリスでは主要なハプログループの一つなのだ。どうしてこんなに不自然な分布形態なのか、正確には分かっていないが（これはジェノグラフィック・プロジェクトがさらに詳しい調査を要する謎の一つだ）、農耕が北部へ広まった過程に関連しているのかもしれない。ヨーロッパ内陸部は割合に寒くて作物の生育期も短い一方、沿岸地域はもっと温暖な気候をしている。初期の農民たちは、作物がより豊富に採れそうな地中海沿岸近くに居を定めたに違いない。また小船で移動していた可能性から、海岸沿いを拠点にしていたとも考えられる。理由はどうあれ、僕の祖母やJ氏族に属するデンマーク人は、確かに北ヨーロッパ人の血を引いてはいるものの、ミトコンドリアレベルでは中東で最初に農耕を始めた集団とつながっているのだ。

ハプログループJの分布について次に考えるべき要素は、多くのヨーロッパ人集団内に見つかり、ときには高い頻度に達することがあるにもかかわらず、どの集団においても支配的なハプログループにはなっていないということだ。これは、ヨーロッパへ移動してきたJ氏族の子孫がほかの住民を圧倒しただけでなく、別の氏族と交わってきたことをほのめかしている。ヨーロッパに農耕が栄えた謎を解くには、違う系統を探る必要があるらしい――Jの物語だけでは不十分なのだ。

残りの家族

図5は、ヨーロッパにおけるほかの主要なハプログループの分布を示したもので、これらの氏族は第二章で述べたY染色体氏族に相当するものとも言える。Jにこの五つの氏族を合わせると、ヨーロッパで見られるｍｔＤＮＡハプログループの九五パーセント以上を占めることに

なる。僕たちは、祖先がいつ旅を始めたのかを算定すべく、この新たなハプログループ群を順に分析した。これらすべてを比較することによって、ヨーロッパ人祖先の広範囲な移動パターンが、全体像として見えてくるからだ。

その昔すべての氏族が、Ｊと同時期、つまり農耕の普及とともにヨーロッパ大陸へ入り込んだという可能性もある。だとしたら、どの氏族もヨーロッパに現れたのは新石器時代以降で、それから同じくらいの歳月を経ていると考えていいだろう。彼らが持つ多様性を算定すれば、新石器時代に拡大した人口が本当にヨーロッパの先住狩猟採集民たちを飲み込んでしまったのかどうかが判断できる。

遺伝子の起源と地理的分布を調査する科学分野を「系統地理学」という。この調査の出発点は、どの系統も過去のある時点に存在していた唯一の個人――ｍｔＤＮＡの場合は一人の女性――から発生することを前提としている。各氏族の遺伝子の多様性を探るには、その後長期間にわたる突然変異の蓄積を調べればよい。一族の創始者の子孫たちは、世界中を移動しながらその遺伝子を運んでいったので、遺伝系統がどのような地理的分布を果たしたのかはおのずと分かる。また、異なる地理的領域に住む現代の氏族メンバーの相対年代を算出すれば、祖先がどの方向に移動していったのかが定められる。このような方法でハプログループＪを分析した結果、過去一万年の間に中東からヨーロッパへ拡散していったパターンだということを、僕たちは突き止めていた。

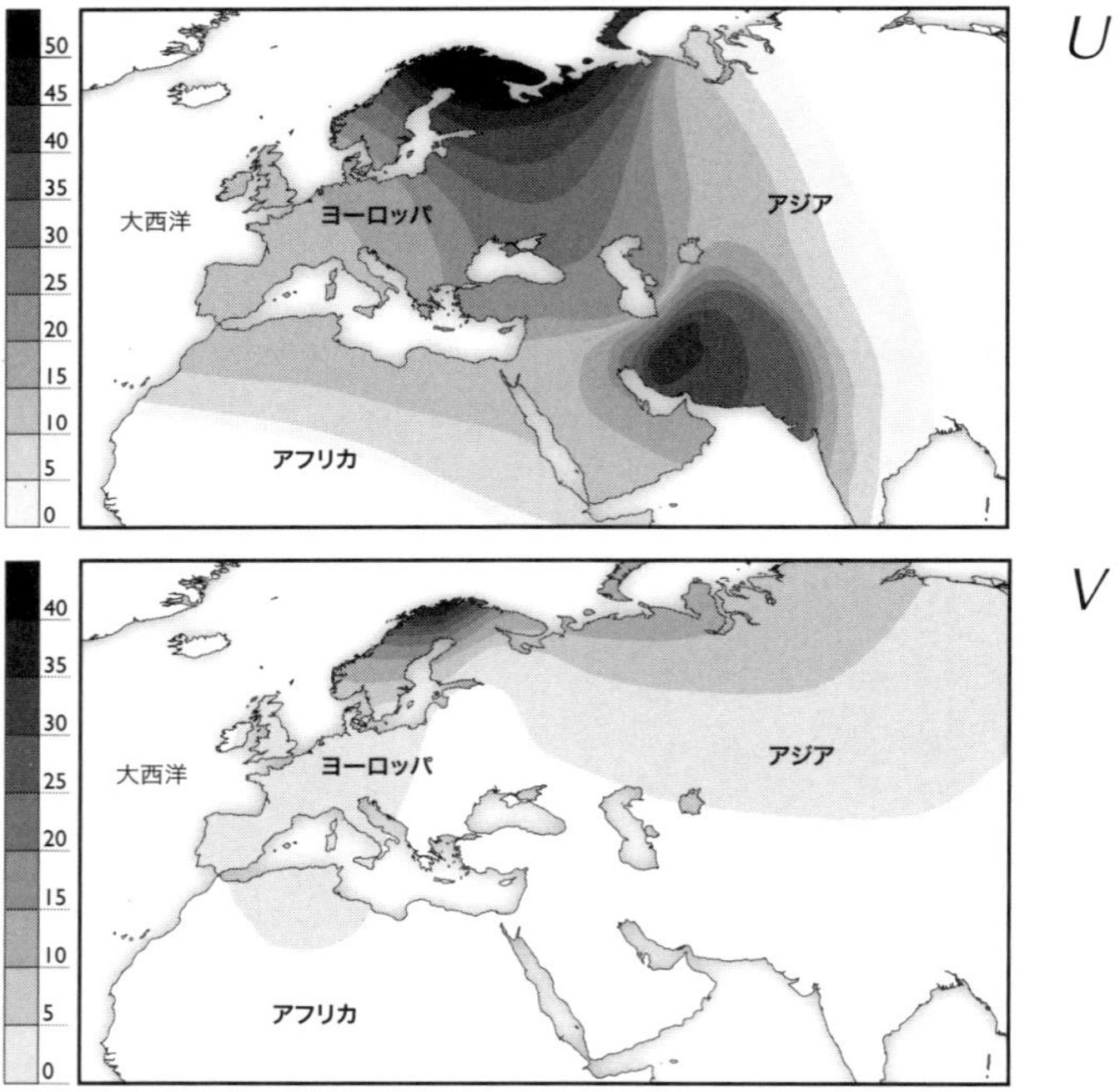

これらの系統はすべて3～5万年前の新石器時代以前に中東やその周辺地域で発生し、その後西ヨーロッパに進出していった。

図5　ヨーロッパにおける5つの主要ｍｔＤＮＡハプログループH、K、T、U、Vの頻度分布図。

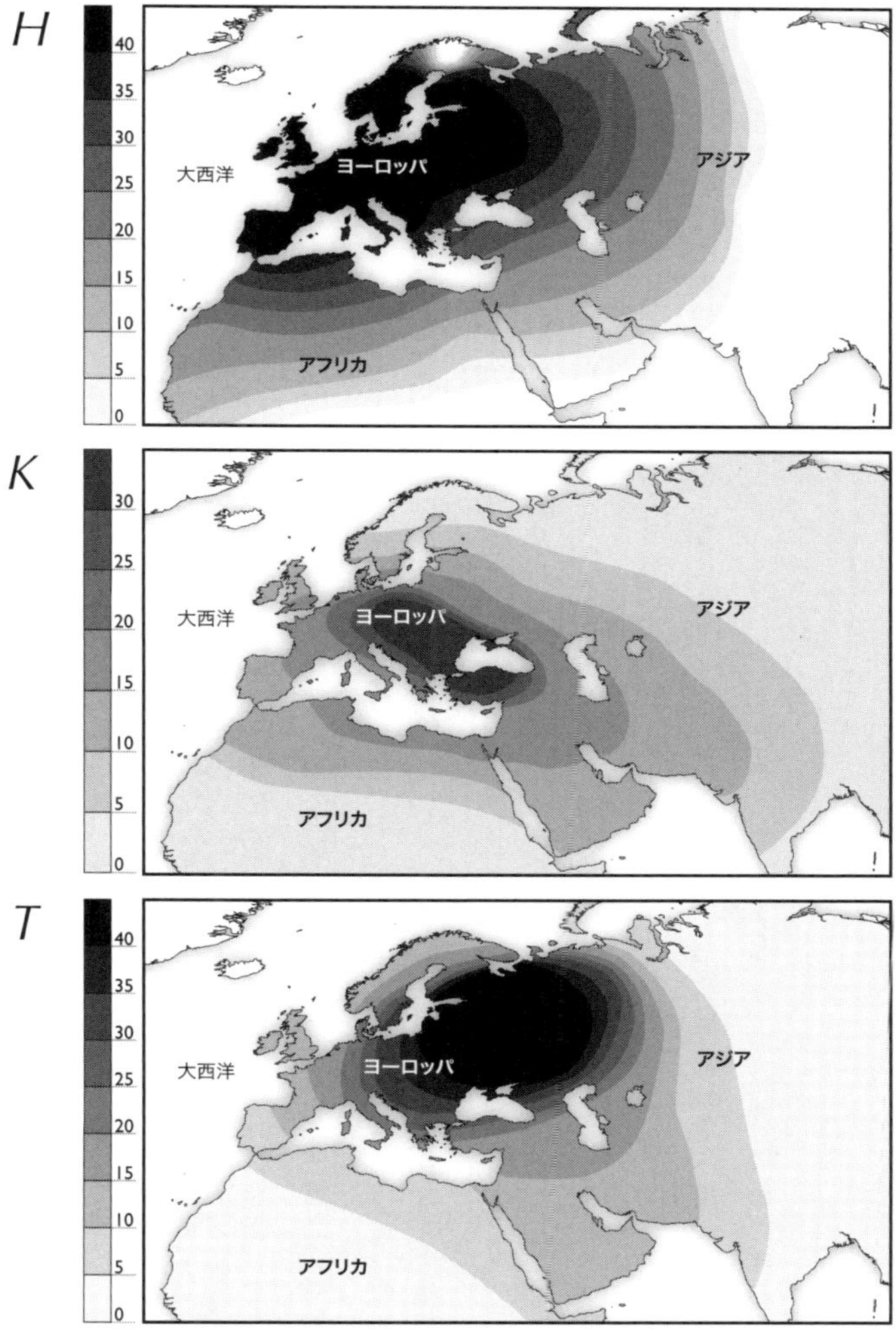

ヨーロッパを代表する残り五つのハプログループにも同じ年代測定法が用いられたが、結果はいささか驚くようなものだった。ほとんどの主要ｍｔＤＮＡ系統に定められたのは、過去一万年どころか、もっと古い年代だったのだ（図６）。Ｊに見る多様性の相対的な低さなどものの数ではなく、とりわけハプログループＵに見られる多様性の蓄積は、少なくとも五万年の経過を思わせる。ハプログループＵ、Ｈ、Ｔ、Ｖは、農耕民の到来以前にヨーロッパに存在していたらしい。実のところ、Ｊは八〇〇〇年前以降に欧州に到着した唯一のハプログループなのだ。そのほかにはあまり一般的でない系統（ＨやＴのサブグループ）が続くのみで、大部分の系統は旧石器時代と呼ばれる農耕出現前の年代までさかのぼるようだ。欧州人女性の約八〇パーセントは、中東の農耕発展に起因しない遺伝系統を持っている。それどころか、彼女たちの祖先は何万年もの間おおよそ同じ場所に住みつづけており、その系統をたどると新石器時代以前のヨーロッパに住んでいた初期の狩猟採集民族に行き当たるのだ。農耕が人類の波とともに押し寄せたというアマーマンとカヴァッリ＝スフォルツァの理論は、どうやら的確ではなかったらしい。むしろ、ヨーロッパに住む大多数の狩猟民――もしくは、少なくとも女性たち――は、小麦一束のために従来の生活様式をあきらめようと自ら決意したものと思われる。だが、この物語を男性に置き換えるとどうなるだろう？　Ｙ染色体についても同じような分析ができるのだろうか？

図6　欧州の主要ｍｔＤＮＡハプログループがヨーロッパに現れた年代。

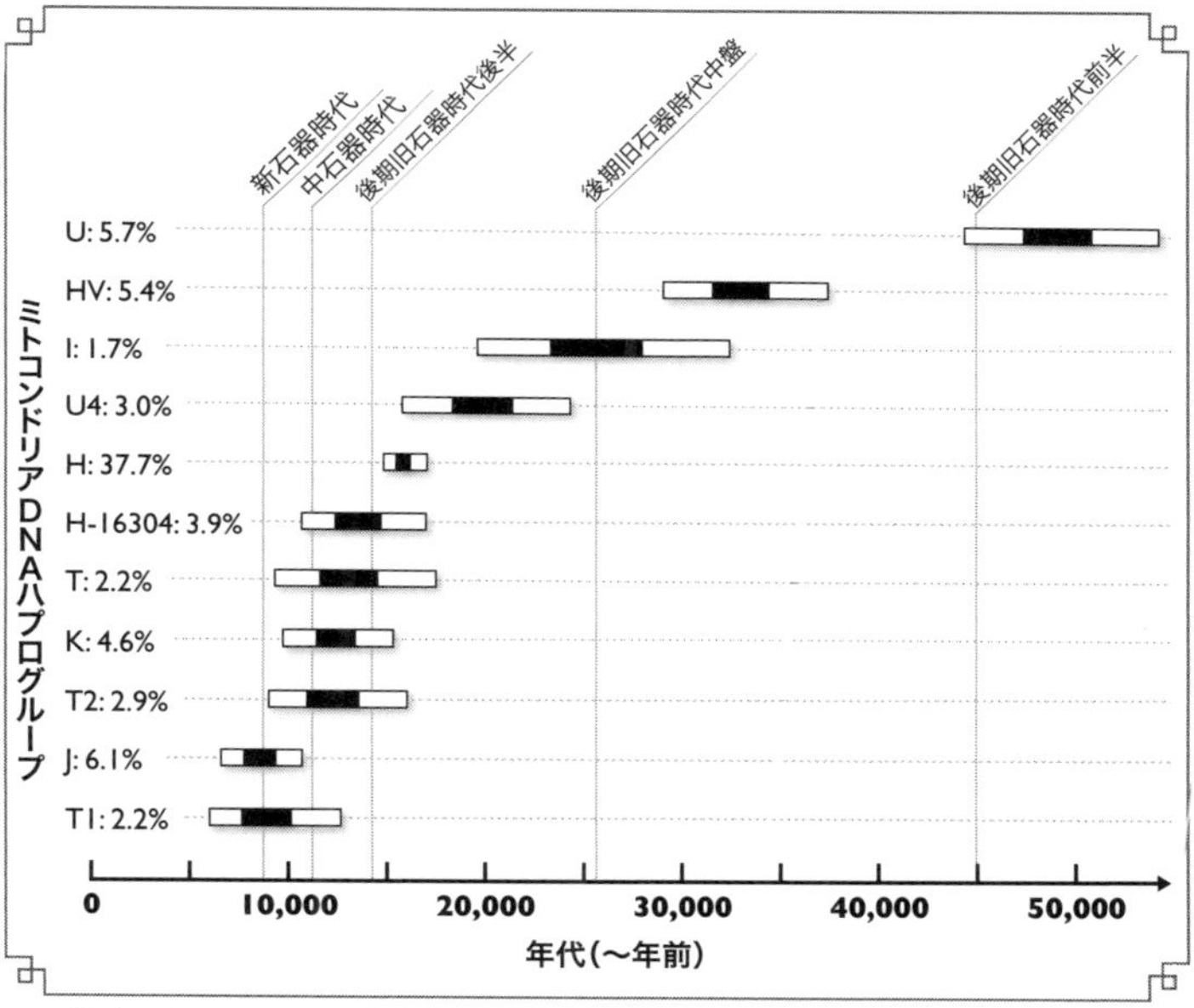

棒線の白い部分は、９５パーセント確実なラインを示している。

吃音

第二章で紹介したＹ染色体系統を区別する遺伝子マーカーの多くは、ｍｔＤＮＡの変異マーカーと似ている――ＤＮＡ配列における一文字の誤差。この現象は、ＤＮＡが代々複製・伝達される過程で、ごくまれに発生する。それぞれ構造や細胞内の位置が異なるため――Ｙ染色体は細胞核の中にあるが、ｍｔＤＮＡは細胞質で独自の小さな器官におさまっていることを覚えているだろうか――変異が生じる割合にも違いが出る。通例

ｍｔＤＮＡのいわゆる「突然変異率」は、Ｙ染色体の一〇～一〇〇倍にも及ぶ。配列のどこを見るかによって正確な率は変わるが、概してＹ染色体よりもずっと高い率で発生するのだ。

Ｙ染色体の突然変異率があまりにも低いため、一九八〇年代後半から九〇年代初めにゲノムの差異を調査しはじめた遺伝学者たちは、何年もの間Ｙ染色体上の変化を見つけ出せずにいた。人それぞれに異なる何百もの変異領域をようやく発見することができたのは、Ｙ染色体の遺伝子変異を見いだす組織的な取り組みが行われてからのことだった。

これによってハプログループの特定までは進んだものの、やはり突然変異の少なさが災いして、氏族内における変異レベルを示すには至らなかった。ハプログループ内の差異が分からなければ、ヨーロッパのｍｔＤＮＡ氏族の年代や移動の歴史を算定するために使った、系統地理学の手法は応用できない。

だが幸いにも、Ｙ染色体は別の種類の遺伝子変異を持っていた。ヌクレオチドという構成単位の配列が変化したものには変わりないが、もう少し微妙な変化なのだ。

もしもあなたが、たとえばＤＯＧという単語をタイプしていたとしたら、打ち間違いにはすぐに気付くだろう――ＬＯＧとかＤＯＮは、パッと見ただけで違う言葉だと見分けがつく。だがＭＩＳＳＩＳＳＩＰＰＩのように、もっと長く複雑で同じ文字の繰り返しがある単語を打つ場合、もう少し注意深く見直さない限り、ＭＩＳＳＩＳＳＳＩＰＰＩが間違いだとは気付きにくい。このような繰り返しがヒトゲノムでも発生し、長くて反復的な言葉が人間のタイピストにもたらすのと同じ問題を、ＤＮＡ複製マシンにもたらすことが分かっている。ＤＮＡが複製され次の世代へ伝達されるときに、細胞内のタイピストが繰り返しを一つ足したり抜かしたりすることもある。こうした細胞の「吃音」が、ＤＯＮのような一文字の間違いよりも頻繁に起こるのは、いわゆるタイピストと同じように、繰り返した回数の間違いには、なかなか気が付きにくいからなのだ。

ゲノムの短い反復箇所は「マイクロサテライト」と呼ばれている。通常ヌクレオチドの繰り返し部分（「ＭＩＳＳＩＳＳＩＰＰＩ」なら「ＩＳＳ」）は、十数回ほど連なっている。ＤＮＡが複製されて各世代に伝わるとき、わずかな可能性（だいたい一〇〇〇回に一回）で、繰り返し部分だ増えたり減ったりすることがあるのだが、分子測定技術を使ってＤＮＡ断片の長さを測れば、それが何回あるのかを推算することができる。しかもこの一〇〇〇に一つという突然変異の割合は、標準的なＤＮＡ配列が持つ一億分の一という確率よりも遥かに高いため、遺伝系統の多様性を素早く引き出せる。氏族を決定付ける変異は一度しか起こらないから、ｍｔＤＮＡで行った作業と同じように、そこから現在までの変異レベルを調べれば、一連の突然変異にどのくらいの時間を要したのか――つまりその系統の年代が推測できるというわけだ。系統が古くなるほど、吃音による変異の蓄積も大きくなる。一〇〇〇世代に及ぶ系統には、一〇〜一〇〇世代そこらの系統よりも、たくさんの吃音変異が蓄積されることになるのだ。

吃音による分析をＹ染色体氏族に応用すると、ｍｔＤＮＡ氏族と同じような分布パターンが現れる。二つのY染色体ハプログループ（J2とE3b）は、起源地である中東から過去一万年の間にヨーロッパへ広がったようだ。おそらく最初に農耕を始めたJ氏族の女性たちと一緒だったのだろう。mtDNAのパターンと同じように、彼らもヨーロッパでは遺伝系統の中では二〇パーセントほどで、残りの八〇パーセントは別の移動をたどってきた系統だ。だがこのY染色体突然変異は、mtDNAが明かすことのなかった詳細を吐露してくれることになる。

Y染色体のR1a1氏族も同じ年代を起源としているが、その変わった頻度分布は、中東ではなくロシア南部のステップ地帯から中央ヨーロッパへ拡散したことを示している。mtDNAには似たような分布は存在しないのに、R1a1が中央ヨーロッパでこんなに高頻度（四〇パーセントもの男性がこの氏族に属している）なのはどうしてだろう。最も確実そうな答えは、東ヨーロッパの草原に住んでいたのは最初に馬を飼い馴らした集団で、この進歩が彼らをステップ地帯に散在させたというものだ。R1a1が西へ移動し、ヨーロッパの森林地帯へ入るとともに急激に頻度を落とすのは興味深い――彼らが馬のおかげで優位に立ち広大な草原で成功を収めたのだとしたら、まさに僕たちの予測どおりではないか。この解釈に沿うように、R1a1は中央アジア全域で見られ、インド北部へと南下していく。インド＝ヨーロッパ語（英語、フランス語などヨーロッパの言語に加え、イランやインドの広域で使われる言語）を早くから話していたのがR1a1氏族の子孫だった可能性も考えられるし、彼らの遊牧生活は系統が広まった説明にもなり得るだろう。女性に似たような分布パターンがないのは、拡大の一因として征服――兵士が通常男性なのを考えれば、おおいに男性主導の行動だ――が絡んでいることを示唆している。

Ｎの氏族はもっと新しく、起源をさかのぼることわずか数千年だ。よってヨーロッパ内での分布も非常に限られており、主にスカンディナビアやロシアで認められる。面白いことにＮもＲ１ａ１同様、東方地域とのつながりを持つ。とはいえ、アジアにおけるＮの分布や多様性のパターンを調べると、この氏族が別の起源を持っていることが見て取れる。彼らはシベリア――とりわけ第四章でお話するアルタイ山脈やサヤン山脈の周辺地域――から現れ、そこから約三〇〇〇年前にヨーロッパへ広がった。この系統の人々は大部分が同じような生活をし、同じような言葉を喋っている――ウラル語族に属する言語を話す、トナカイ飼育民なのだ。Ｒ１ａ１が馬によって移動を促されたように、彼らがヨーロッパへ向かったのはトナカイの急増が一因だと見られている。

Ｙ染色体の最後の三氏族がヨーロッパに出現したのはもっと昔で、Ｉ１aとＩ１bは二万年、Ｒ１ｂは三万年ほど前である。したがってＲ１ｂは、ｍｔＤＮＡで言えば欧州一古い氏族Ｕに相当する。ヨーロッパの遥か西側に住む男性の圧倒的多数に見られるＲ１ｂも、東へ進むと減少する。Ｉ１ａは似たような分布だが、若干新しい。Ｉ１ｂの独特な分布は、まったく異なる歴史をほのめかしている。バルカン諸国では一般的なのに、東西へ進むと頻度が低くなるのだ。どの移動も、マイクロサテライト多様性のパターンが一万年以上前を指し示すことから、農耕普及以前に行われたものには違いない。Ｒ１ａ１とＮに関しては、氏族に優位性を与えたであろう動物の存在が即座な説明につながるが、R1bとI氏族には当てはまらない。

　このような分布パターンを解説するためには、各氏族の初期の人々が生きていた時代を調査することが必要となる。遺伝子考古学者とは別の仮面を身につける時がやって来たのだ。

嵐

「話題に詰まったら天気の話」とはよく言うが、これは科学分野間の交流――少なくとも生物学と人類学――にも当てはまる節がある。なぜなら気候は植物と、人間を含めた動物の地理的分布をおおいに決定付けているからだ。熱帯雨林の素晴らしい多様性を思い描いてみるといい。そこには何千という種の命が息づいている。木々のすき間を優雅に飛び回る色鮮やかな蝶々、緑色の荷物をせっせと巣に運び込む葉切りアリ、遠くでキーキーと鳴く猿の群れ、芳しい花の香りに誘われ蜜を吸うハチドリ、そして、森そのものが放つ温かく湿ったにおい……。これだけさまざまな生体が存在するのは、熱帯地方の高温、豊富な雨量、安定した気候といった、非常に特殊な気候学的条件がそろっているからだ。こうした要素の組み合わせが、数多くの種を進化に導き、それぞれ独自の生態的地位にぴったり適合させていったのだ。熱帯地方以外でまったく同じ生物種が自然に集まることはまずあり得ない。二つとない気候的要素の組み合わせこそ、種の生存に不可欠なものなのだから。ハチドリは北極地方であまり見かけないし、葉切りアリを緑のない見渡す限りの砂漠に連れてきても、長くは生きられないだろう。

地理的要因と同じように、長い時間をかけた気候の変化も動植物の多様性に作用してきた。少なくとも長期的な平均値と比べれば、現在の地球は比較的暖かい。たとえばわずか一万六〇〇〇年前、世界は最終氷河期の最も厳しい時期にあり、大部分の地域は今とはまったく異なる気候だった。この時代の由来となった「氷河」は、熱帯地方までその触手を伸ばすことはなかったものの、現在で言うイギリス、スカンディナビア、シベリア、北アメリカの大部分を覆い尽くした。氷床が溶けて初めて、動植物はこれらの地域に戻ることができたのだ。

氷河期は、ヨーロッパにおける遺伝子パターンの謎を解く鍵を与えてくれる。まずは、mtDNA・Y染色体両方の系統を見ていこう。スペイン、フランス西部、イギリス、スカンディナビア南部といった、いわゆるヨーロッパの大西洋沿岸地域に分布する系統には類似性が見られる。バルカン諸国と中央ヨーロッパにも共通性があるが、それは肥沃な三日月地帯から新しく発生したmtDNAハプログループJだけではなく、遥かに古いY染色体ハプログループI1bにも当てはまる。

各ハプログループが持つ多様性を調べれば、どの地域でより長い時間をかけて突然変異が蓄積されたのかが分かる。南ヨーロッパのR1b、E3b、I1a、I1bは、北ヨーロッパの同じ氏族よりも多くの多様性を持っている。このパターンが示すのは、寒冷化の最も激しかった「最終氷期極大期」に、人類がヨーロッパの南側へ撤退した可能性だ。イベリア半島、イタリア、バルカン諸国といったいわゆる退避地《レフュジア》に閉じこもることによって、氷床が迫り来る中、人類はかろうじて生き延びることができたのだ。しかしいったん気候が変わると、彼らは溶けゆく氷の後を追って北へ広がり、図7が示すように北ヨーロッパの人口を再構築していった。

この傾向はさまざまな動植物種にも見られ、合わせてレフュジア説を裏付ける強力な証拠となっている。イベリア半島に追い込まれたのは主にR1bとI1a系統の人々で、その後ヨーロッパ北西部に拡散した結果、今日のような高頻度を保持するようになったのだろう。同様のパターンが、mtDNAハプログループのVと、Hの一部にも見られる。バルカン半島のレフュジアには主にE3bとI1bが避難し、最終氷期極大期が終わりを告げると、中央・東ヨーロッパへ広がっていったようだ。

氷河期が終わりに近づいたころの気候の変化は、人類集団に別の影響も与えたらしい。極寒期にあっても氷床から免れていた中東の気象は、現在の地中海性気候とは著しく異なっていた。全般的にこの一帯は涼しく湿気があったのだ。ここに住む集団の大部分は、世界中の人々と同じように割合緑の多い地域で、狩猟と採集をして生きていた。ところが約一万年前に気温が上昇しはじめると、湿度も下がりはじめ、イネ科の植物が生い茂るようになった。特に頑丈な外皮を持った種子は、長い夏の干ばつを生き延びることができた。そこでいくつかの集団は、こうした植物の種子を集めることに多くの時間を割くようになった。その種をひくと、栄養価の高い小麦粉になったからだ。今あなたの国で栽培される小麦の先祖は、肥沃な三日月地帯で最

図７　最終氷期に人類は南ヨーロッパの温暖な地域に避難した。
これらの地域は、その後ヨーロッパ全土へ再移民する際の拠点となった。

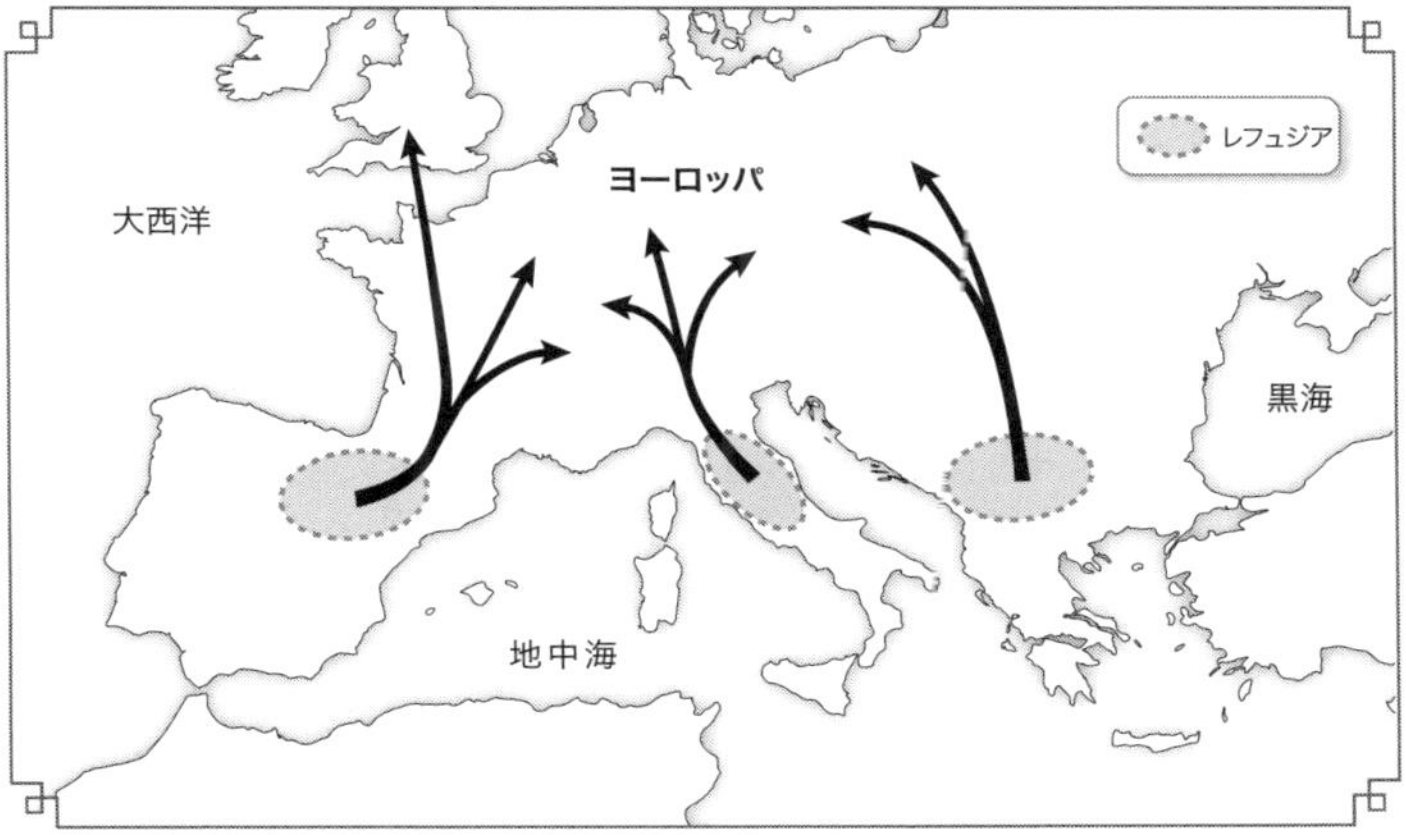

初に収穫されたこの植物だったのだ。野生種の小麦の起源と思われる地域は、遺伝学的研究によって実際に特定されている。その後小麦は、農耕発祥の地と言われる北シリアからさほど遠くない、トルコ南東部のカラジャ山で栽培化されるようになった。

肥沃な三日月地帯で、集めた種子を食べるのではなく、地面に植えようと決心した最初の女性が、後につづく革命を始動した張本人となった。数千年のうちに栄養価の高い食物を簡単に入手できるようになった人類は、爆発的に人口を増やした。その結果、ｍｔＤＮＡとＹ染色体の系統が増大したのだ。

氷河期がヨーロッパのヒト遺伝子分布に及ぼした影響は、人類史の形成において気候がどんなに重要なものであったかを示している。ヨーロッパ大陸の広がり行く氷床から狩猟採集民を避難させ、最終氷期の終わりに豊富に実った種子を初期農耕民に植えさせた気候は、人類の行動や移動パターンの決定に一役買っているのだ。今世紀、地球の温暖化に直面している僕たちは、わずか数度の気温の変化に祖先たちがどれほど影響されたかということを、しっかり心に留めておかなくてはならない。

遺伝子の系図

これまで僕たちは、農耕や家畜、気候の変化といった要素に促され拡大したヨーロッパの氏族について学んできた。人間の営みから、ときには男女の移動パターンが一致しない場面も見てきたし、さらには新石器時代の境界線を越えて、大昔の祖先が住む氷河期の世界にも直面した。では、次に向かうべき道は？

僕たちはより視野を広げ、地球全体を見渡さなくてはならない。世界はヨーロッパだけではない――新石器時代の欧州と中東につながりがあったように、ヨーロッパ人は移動の歴史の中で世界中の集団と関係しているのだ。ヨーロッパにおける多様性パターンを説明するのに役立ったＤＮＡには、ありとあらゆる可能性を理解するのに必要な詳細が刻み込まれている。僕らの次なる旅路は、狩猟採集民のいた旧石器時代へとさかのぼっていく。アジア大陸の中心を越え、遥かかなたの地へ。

第4章

フィルの物語▼氷

Phil's Story: The Ice

僕がフィル・ブルーハウスに出会ったのは二〇〇二年、アリゾナ州のキャニオン・デ・シェリーで『ジャーニー・オブ・マン：人類の軌跡』を撮影していたときだった。彼が情熱を込めて歯切れよく語ってくれた「ディネ（ナバホ）族」の創世神話は、僕の心にいたく焼き付いた。この神話の中で、民は母親の胎内から送り出される赤子のごとく、母なる大地から地球上へと広がっていく。世界中のあらゆる地域の人々は移動を通じてつながっている、という僕の説に、フィルはとりわけ理解を示してくれた。彼は、かつて中央アジアに住む人々の写真を見たとき、同じような顔立ちがあるのに気付いたことがあるのだという。それどころか、いとこのエメットにそっくりな人さえ見つけたというのだ。科学的データと、民族の伝統的な教えを結び付ける彼の能力は、ジェノグラフィック・プロジェクトを計画していた僕たちにひらめきを与えてくれた。

二〇〇五年四月に始まるこのプロジェクトへの参加を依頼すると、フィルはすぐさま引き受けてくれた。アジアの人々とのつながりを直感していた彼は、DNA鑑定の結果に色めき立っていた。また、自らのDNA物語が人類の結び付きについての謎をさらにひもとき、彼らナバホ族のことを世界により理解してもらうための手助けになることを願ったのだ。

フィルは、ジェノグラフィック・プロジェクトの一般参加用キットに入っている綿棒のような器具で頬の内側の細胞を採取し、DNAの付着した先端部分を研究室へ送った。数週間後に出た結果は、ナショナル ジオグラフィック本部でのプロジェクト公式発表に間に合った。検査結果が発表されると、フィルは涙ぐんだ——恐れや驚きの涙ではない、喜びの涙だ。そこから分かったのは、彼のY染色体が、アメリカ先住民に多いハプログループQを特定したということだ。Qはアジアにも見られるハプログループである。つまり彼は、はなから感づいていたとおり、アジアに遠い親戚を持っていたのだ。彼はいつでも、モンゴルや中央アジアの人々に強いつながりを感じていた。広大な草原で展開される彼らの暮らしぶりは、多くの面で北アメリカの草原での生活を連想させたのだ。まるで長い間消息不明だった親族と対面したような彼の情緒反応に、観客席の全員が共感した。「あの地に僕の家族がいることには、ずっと前から気付いていていました——今、DNA鑑定がそれを確信させてくれたんです」

ハプログループQは、南北アメリカ先住民族の間では主要なY染色体氏族で、その割合は九〇パーセント以上に及ぶ。Qに付随するマイクロサテライト吃音の多様性はアジア・アメリカ双方で似通っており、どちらかが発生の地であることを示唆している。考古学的検証によれば、米大陸に人類が定住したのは比較的最近だから、フィルの祖先がアジアからアメリカに入り込んだという説を裏付けることになる。しかし、彼らはいつどのようにしてやって来たのだろう？　ＤＮＡは僕たちに、最初の移住者やそこに行き着くまでの道のりについて詳しく教えてくれるのだろうか？　フィルのハプログループはどのようにユーラシア大陸のほかの系統と結び付いているのか、そして、両アメリカ大陸に住みついたのはどの集団なのか。次の目的地では、これらを明らかにする科学的手法を突き止めていこう。

巨大な木

アメリカ西部の絶景の一つに、ロッキー山脈の紅葉がある。松や樅《モミ》の木が鏤《ちりば》められたアスペン（アメリカヤマナラシ）の木立が山の斜面を覆い、その葉を風に揺らめかせている。日が短くなり、夜の気温が低くなると、木々の彩りが変わりはじめる。生命のもとである葉緑素の緑色は、ほかの主要色素を残して組織の深部へと浸透し、葉を山吹色の装いに変えていく。

アスペンに覆われた初秋の山は確かに美しい。しかし注意深く眺めてみると、面白い現象に気が付くだろう――変化は一様ではないのだ。所々に紅葉した木々の固まりがある一方で、近くにあるほかの木々の固まりはまだ青々としている。これには、微気候（たとえば、周囲と比べて日陰が多く涼しい小区域）内での小さな違いが影響していることも考えられる。だが実は、このアスペンの生態に興味深い秘密が隠されているのだ。

アスペンは、地球上で最も大きな生体だということが判明している。もちろん、個々の木がという意味ではない――一本一本比べるなら、カリフォルニアのセコイアオスギが圧倒的に勝るだろう――むしろつながった生体全体を見たときの話だ。この巨大な植物は、地下の走出枝《ランナー》によって何百から何千本もの個体が結び付いたものなのだ。確認されている一番大きなアスペン林は八〇〇平方キロメートルにも及び、重さは六六〇〇トン、そして林齢一万年を越えているという。アスペンは成長するとランナーを伸ばし、山のほかの一画により日光が当たることを感知したら、そこに別の幹を形成する。このプロセスを何度も何度も繰り返していくうちに、発生した場所からじわじわと何百メートルも進んでいく。これだけ広範囲に広がっているにもかかわらず、表面上独立した木々は共通の起源から生じているのだ。

同様に僕たちは、表面上無関係なハプログループ氏族をますます大きな「巨大氏族」に結び付ける共通の根を見いだすことができる。遺伝子という土壌を深く深く掘り下げていくと、最終的にすべては同じ源から生じているのだ。遠い昔にさかのぼれば、全人類はどこかの時点で祖先を共有していることになる。

このような遺伝子の発掘作業が可能なのは、再三にわたる実験から吟味・実証された信頼に基づく賭け――現在入手できる遺伝子サンプル間の歴史的つながりを推測させてくれる、一つの理論のおかげである。この理論が僕たちの乗るタイムマシンのエンジンだとすれば、DNAは燃料と言えるだろう。これは「思考節約の原理」と呼ばれている。

思考節約の原理とは、出来事を構成する要素を最小限に抑える法則である。言い換えれば、より単純な説明ができるなら、必要以上に複雑化してはいけないということだ。たとえば、バージニア州の自宅からスーパーに買い物に行くとする。ちょっと寄り道してサンフランシスコを経由することもできるが、普通ならまっすぐスーパーに行くだろう。同じように、スーパーで買ったオリーブ油の瓶を落としてしまったら、それは床で砕け散る前に頭の上で二〇秒間空中浮遊するかもしれない。だがもちろんそんなことはばかげているし、物理学的法則からも不可能だ。

同じような法則が、進化を導くDNA配列間の関係にも適用される。第一章で学んだように突然変異がまれな現象なのだとしたら、異なる配列が一〇カ所あった場合、最後に共通の祖先を持ってから一〇回しか突然変異が起こっていないと仮定すべきなのだ。五〇回や一〇〇回ではない（図1）。物理学と同じように遺伝学でも、一番単純な説明が一番正しいことが多いのだから。

この原理に基づく仮定を検証してみることはできるだろうか？　もちろんだ。突然変異の回数が、ある領域で見つかった差異の数よりも多かったとすれば、それは同じ領域で複数回の突然変異が起こったとき――つまりAがTに変わり、その後またAに戻るといった具合に、一度

図1　遺伝子マーカーは新しい系統をつくり、次の世代へと受け継がれる。

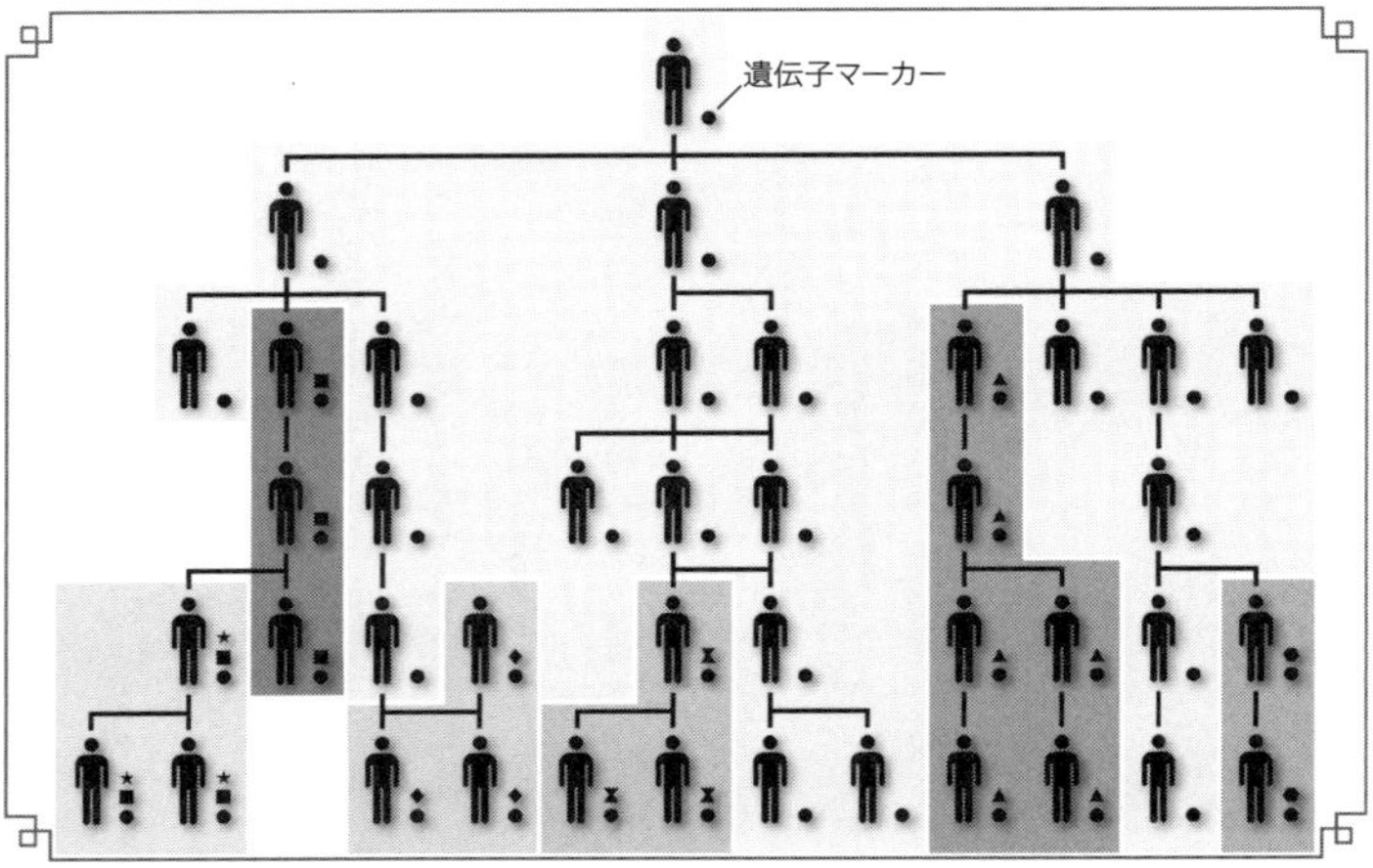

違うヌクレオチド配列に変わり、再び同じ配列に戻ったような場合だけだ。

この例では、実際には二回あったはずの変異を見逃していることになる。だがこうした変化は、僕たちが第二章で学んだ組み換えの行為と大差ない――各パターンの解明を困難にする進化上のノイズであり、できれば避けたい厄介者だ。僕たちがハプログループを定めるために研究するのは、このような超可変領域ではなく、むしろもっと安定した変異領域だ。

では、「思考節約の原理」というエンジンと「DNA配列」という燃料を装備して、ある特定の配列が持つ歴史を再構築してみよう。次の三名のDNA配列からサンプル抽出を行うものと想定する。

ラリー	AAGCTCAGGTCCTAT
サラ	AAGCTTAGGTCCTAT
ジュアン	AAGCTCAAGTTTAT

グレーのハイライトを施したのが可変位置（それぞれに差異が見られる場所）で、その他すべての箇所は同一だ。ラリーとサラの違いは一カ所だが、ジュアンはラリーと二カ所異なり、サラとは三カ所異なっている。思考節約のエンジンを回転させると、この類似性からラリーとサラの間には一番濃いつながりがあり、二人とジュアンのつながりはやや薄いということになる。ラリーとサラがきょうだいで、ジュアンはいとこという感覚だ。これを系図に表すと次のようになる。

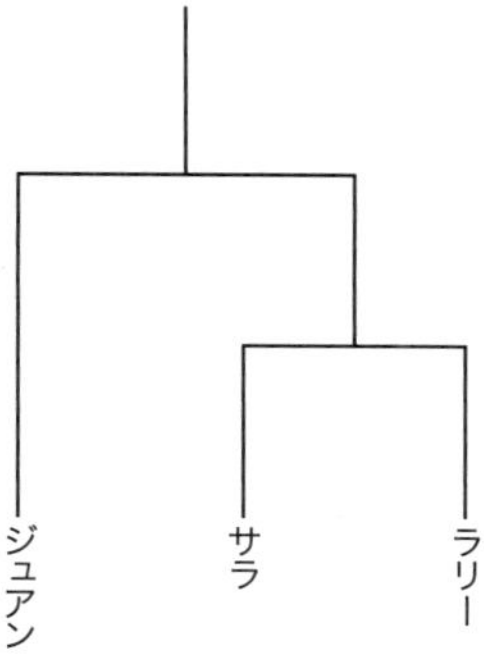

僕たちはもっとたくさんの配列に対して同じ分析を行うことができる――実際これこそが、一つの集団、もしくは世界中の多くの集団から得たデータを解析する方法なのだ。配列が三種類を超すと、解析作業も複雑になってくる。三種の配列ならば、考えられるのはラリーとサラ、サラとジュアン、ラリーとジュアンというわずか三つの組み合わせだから、三回の比較検討で事足りる。しかし四種の配列なら六つの組み合わせ、五種の配列なら一〇の組み合わせが考えられる。何百種類もの配列を調べるとしたら……コンピューターなしでは済まされない――手計算では複雑極まるだろう。

思考節約エンジンをハプログループのデータに応用すると、世界中に散らばるすべての氏族が大昔から結び付いていることが確認できる。これをフィルのハプログループQに対して行えば、彼が確かに世界規模の系統樹の一枝を、アジアに住む人々と共有していることが明らかになるのだ。

また第三章で学んだとおり、変異の起こる割合を調べ、氏族の子孫が持つ多様性と頻度分布に着目することによって、祖先が生きていた場所と年代を言い当てることさえできる。このようにしてフィルのＤＮＡは、祖先が故郷アリゾナの砂漠地帯とはかけ離れた場所を通り、身の凍るような旅をしてきたことを教えてくれた。

突然の寒波

もしもH・G・ウェルズの『タイムマシン』のように、本当に過去へ旅することができたとしたら、行ってみたい時代と場所の一つが、一万六〇〇〇年前のシベリアだ。素晴らしい歴史上の人物や、刺激的な文化のせいではない。お目当てはその気候である。そんな昔々の辺境の地に胸をときめかせるなんて気は確かか、と言われることは百も承知だ。

狂気の沙汰かもしれないが、僕なりに筋道は通っている。世界はその時代、約一五万年に一度という苦難の時を経験していた。最終氷期の峠とも言うべき最悪の時代。巨大な氷河が北ユーラシアのほぼ全域を覆い尽くし、地球の温度は現在より約二〇度も低かった。マンモスがアジアのツンドラ地帯を支配し、サーベルタイガーは獲物を求めて氷の大地をうろついた。冬の最低気温はたぶん零下一〇〇度以下——想像を絶する寒さだ。こんなところに住んだら死んでしまう。

ところが、かなたの凍てつく地平線に目を凝らしてみれば、二本足でしっかりと立つ生き物の影が見えるかもしれない。今日シベリアに住む人々と同じように、人類は遥か北の原野で生活を営んでいたのだ。僕は、東シベリアに住むチュクチ族の人々と生活を共にしたことがある。トナカイを飼育し、川に張った氷に小さな穴を開けて魚を釣り、トナカイの皮で作ったテントで眠る彼らの生活を手伝わせてもらったのだ。この暮らしの真の厳しさを想像するのはたやすくない。最新のハイテク素材に身を包んでも、寒さは一日を通じて体をむしばんでいく。夕食の時間が来るころには——日没直後で、僕がいたときには午後三時ごろだった——もう丸くって寝る準備は万全で、体内のかまどに命の薪をくべることに必死になるのだ。

そもそも人類はなぜこんな生活環境を選んだのだろう、それはちょっとした謎だ。マンモスやそのほかの獲物の肉に誘われて来たのかもしれないし、遠く南方で起こった人口増大によって、生活に窮屈さを覚えたからかもしれない。理由はどうあれ人類は二万年前ごろ、シベリア極寒の地を住みかに決めた。考古学者たちは、遥かシベリア北東部のデュクタイやマリタと呼ばれる遺跡で彼らが使用していた道具を見つけ、約二万年前という年代を定めている——決してそれ以前ではない。人類はこのとき初めて、シベリアの最果てで生き抜くための技術を身につけたものと思われる。そこには、信じ難いほどの寒さに耐え得る暖かな衣類や、折り畳み式携帯テントを作る手腕も含まれていただろう。新石器時代の到来はまだ先のことだったから、彼らは狩猟採集民として暮らしていたはずだ。実のところ、このシベリア最北部で農耕が成功した例はない。人々は命の糧として主に動物を頼りにしてきた。手に入れた肉と皮で、不安定な生命をつないできたのだ。

現在この地域に住むチュクチ族やヤクート族といった人々は、いまだに数千年前の祖先が送っていたのと同じような生活様式を保っているようだ。彼らはトナカイのすべての部位を余す

図2　東シベリアに住むチュクチ族の一家

ことなく生活に利用する。肉は食用に、皮は衣服やテントを作るために、そして腱は木ゾリをつなぎ合わせるために。現在のシベリア人は遊牧民だが、二万年前の彼らの祖先は狩猟民だっただろう。ただ、あるトナカイの群れからどれを間引いてどれを生かすかという、牧畜の基礎は身につけていたようだ。

チュクチ族（図2）と、関連したほかの集団の遺伝子鑑定を行ったところ、彼らのＤＮＡはフィルのような地球の裏側に住む人々だけでなく、ユーラシア大陸全域に住む人々とのつながりを明らかにしてくれた。チュクチ族のほとんどはハプログループＱ氏族だったのだ。

Ｑの系統に属する人々は、Ｍ２４２という遺伝子マーカー――Ｙ染色体の塩基配列が一カ所ＣからＴに変異している――を、現代シベリア人と共有している。この系統に付随するマイクロサテライトの吃音変異に基づけば、M242の起源はおよそ二万年前に生きていた一人の男性だということが分かる。また、世界中の集団への分布状況から、ハプログループQ一族の父は、南シベリアか中央アジアに住んでいたようだ。なんといっても、シベリア先住民の二〇パーセント以上がこの系統を持ち、いくつかの集団内では九〇パーセント以上の男性が保持しているのだから。その後すぐに創始者の子孫たちは、ハプログループQの遺伝子マーカーを持ってシベリアの地を進んでいった。

北東へ移動し人類の生活圏を拡大しながら、彼らは最終氷期を迎えた北極圏の底知れぬ寒さへと踏み込んでいった。アジア北東端に達し、ベーリング海を目前にした彼らは、ツンドラのほとんどを覆っていた氷床を避けて歩いてきたことだろう。そして、この気候がある好機をつくってくれなかったなら、そこで立ち止まっていたはずだ。広がり行く極北の氷床は、かつては悠々と流れていた海水を底に閉じ込め、水位を引き下げた。フィルの起源であるシベリアのQ一族がその地域に到達したころ、水面はなんと一〇〇メートル以上も下がっており、アラスカに通じる陸の橋を歩いて渡ることができたのだ。

北米に到達した彼らは、この大陸に住み着いた最初の人間だった。大陸の大部分は、今のカナダを覆っていた氷床の背後に隠されていた。ロッキー山脈東麓に「無氷回廊」が出現し、人々がいっせいに北米の草原地帯に足を踏み入れることができたのは、氷河期も終わりに近づいたころだと思われる。初期の移住者の中には、カナディアン・ロッキーを覆う巨大な氷床に沿って進み、今日のカリフォルニアへ下るという沿岸の旅を実行した者もいたかもしれない。だがどのような経路をたどろうと、遺伝子データを見ればＱ氏族が過去二万年以内のアジアに端を発していることは明白で、結果人類が米大陸に渡ったのはそれ以前ではないということになる。南米のペドロ・フラーダやモンテ・ベルデなど、三万五〇〇〇年の昔に人類の存在をほのめかすような遺跡がその真偽を問われているが、これらの発見は考古学者に広く受け入れられてはいない。南北アメリカ大陸に人類が住み着いた最初の信頼すべき証拠は、一万五〇〇〇年前以降のものだという見解でほぼ一致している。

南シベリアから南米大陸への移動には総じて五〇〇〇年の歳月がかかったと言われているが、その間に移動集団におけるハプログループＱの頻度も増大していった。ベーリング陸橋に着くころには、一〇〇パーセント近くがＱ氏族の系統だったと思われる。なぜこのようなことが起こり得るのか、それをこれから検討していこう。

ギャンブル

ラスベガスのカジノは、家族の休日にうってつけのスポットという売りでおおいに活況を呈している。ステーキの食べ放題やロブスター料理専門店、暖かな気候、そして多額の予算を投じたショーの数々は多くの観光客を引き付けるが、やはり大半の客の目的は、ギャンブルだ。

人々が必勝法を練り、スロットの腕について豪語しようとも、結局大勝を収めるのはカジノ側（ハウス）である。どのゲームもごくわずかだが、ハウスに有利に傾いているからだ。一番人気のあるスロットマシンでは、ハウスに二五パーセントのアドバンテージ、つまり運だけの勝負に加え、カジノ側が勝つ見込みの方が二五パーセント高くなっている。ブラックジャックのハウスアドバンテージは、ギャンブラー側の戦略に不備がない場合、一パーセントにも満たない。ただかなりのプレイヤーがミスを犯すと仮定すれば、実際は二〜三パーセント前後という線に落ち着くだろう。こうしたアドバンテージも、自らを運がいい（もしくは賢い）と信じてプレイする人たちを抑止するには及ばず、彼らはこぞって賭博台へと向かい続ける。客は毎年数百万人以上にものぼるから、小さなハウスアドバンテージもカジノのオーナーには着実な収入を約束してくれる。ラスベガスだけで、客は年間平均六〇億ドルもの賭け金を失っている。総じてアメリカのギャンブル業界は、映画・スポーツ・音楽業界を合わせたよりさらに多額な収入を年ごとに得ているのだ。

この方程式では明らかに、個人が勝てるという認識が重要になる。ギャンブラーは大方自分が結局は不利な立場にあると認識している反面、どのゲームにも勝ちが転がるチャンスがあることを知っている。個々の事象と、多数の事象の合計に見られるこのようなずれは、「大数の法則」と呼ばれる統計的な性質の表れである。コイン投げを例にとると、平均して二回に一回表が出るのは、それが五〇パーセントの確率だからだ。どの回にも、前に出た結果には関係なく、表が出るチャンスと裏が出るチャンスがある。大数の法則によれば、コイン投げを繰り返すにつれ、表と裏の出る割合はかなり確実に五〇パーセントずつに近づいていくという。まるでコインが前に出た結果を知っているかのように。

ところが回数が少なくなると、確率は五〇パーセントから遠ざかる。一〇〇〇回投げる代わりに一〇回投げれば、表裏の確率は七対三とか、四対六になるかもしれない。だからといって、可能性が五分五分でなくなったわけではない。単に実験に用いたコイン投げのサンプル数が少なかっただけだ。少数の事象を扱ったために引き起こされるこのような差を、「サンプリング誤差」という。

こんなうんちくが遺伝子の系統とどう関係しているのか？　その答えは、人類集団のあり方がコイン投げとよく似ている点にある。遺伝子を次世代に伝える可能性は個人によってまちまちだが、大きな単位で見ればそれはだんだんと均等化され、集団を区別する変異は今と同じような割合で次世代へと伝達される。現在ヨーロッパの人口は極めて多いから（EU諸国だけで四億五七〇〇万人）、一世代先である二〇三〇年の各系統の割合は、現況とほぼ同じだと期待できる。

だが小さな集団内だと、遺伝系統の頻度が世代間で大きく異なることもある。ちょうどコイン投げの例のように、ある狩猟採集民の小集団がたった一〇人で構成されていたとすれば、子供たちは親の代とはまったく違う系統の割合を持つことになるかもしれない。コイン投げと違うのは、新しい頻度がその次の世代へ系統を伝達する割合に変化を与えることだ。表が七回・

裏が三回出た場合、次に表の出る可能性が五〇パーセントから七〇パーセントに変わるといった具合だ。このように世代間に着実なずれが生じるのは、今の世代を見本にして次の世代に系統が伝えられるからだ。

この例から、小さな集団における系統の頻度は、ほんの短い期間に大きく変化し得ることが分かるだろう。一つの系統の頻度が増して、ついには集団の全員が同じ系統になることだって考えられる。サンプリング誤差による世代間の頻度変化は、「遺伝的浮動」と呼ばれる（図3）。自然淘汰のように、頻度を増減させる外部の影響があるわけではない――系統は気まぐれな運の仕業によって、世代から世代へと浮動していくのだ。

これと同じ現象が、フィルの祖先がシベリア北東部の凍原に進出したころにも生じていた。トナカイの狩猟で養える人数は割合に少なかったから、現在のチュクチ族の平均である二五人を大きく上回ることはなかっただろう。時を経て、枝分かれによって新しい集団を形成しながら未開の地へじわじわと踏み込んでいく間、遺伝的浮動は系統の頻度に不思議な力を及ぼした。小集団がベーリング陸橋にたどり着くころには、数千年前に最初の集団が北を目指したときとは大幅に頻度が変わっていたのだ。そう言い切れるのは、ほかの遺伝系統がほとんど米大陸に足を踏み入れなかったからだ。アメリカ先住民の集団同士は、現在では驚くほど遺伝的に似通っている。フィルと同じQ系統を持つ先住民男性は、アラスカからアルゼンチンまで広がり住んでいる。そこから派生したQ3とともに、Qは南米でほぼ唯一のY染色体系統なのだ。北米

図3　遺伝的浮動

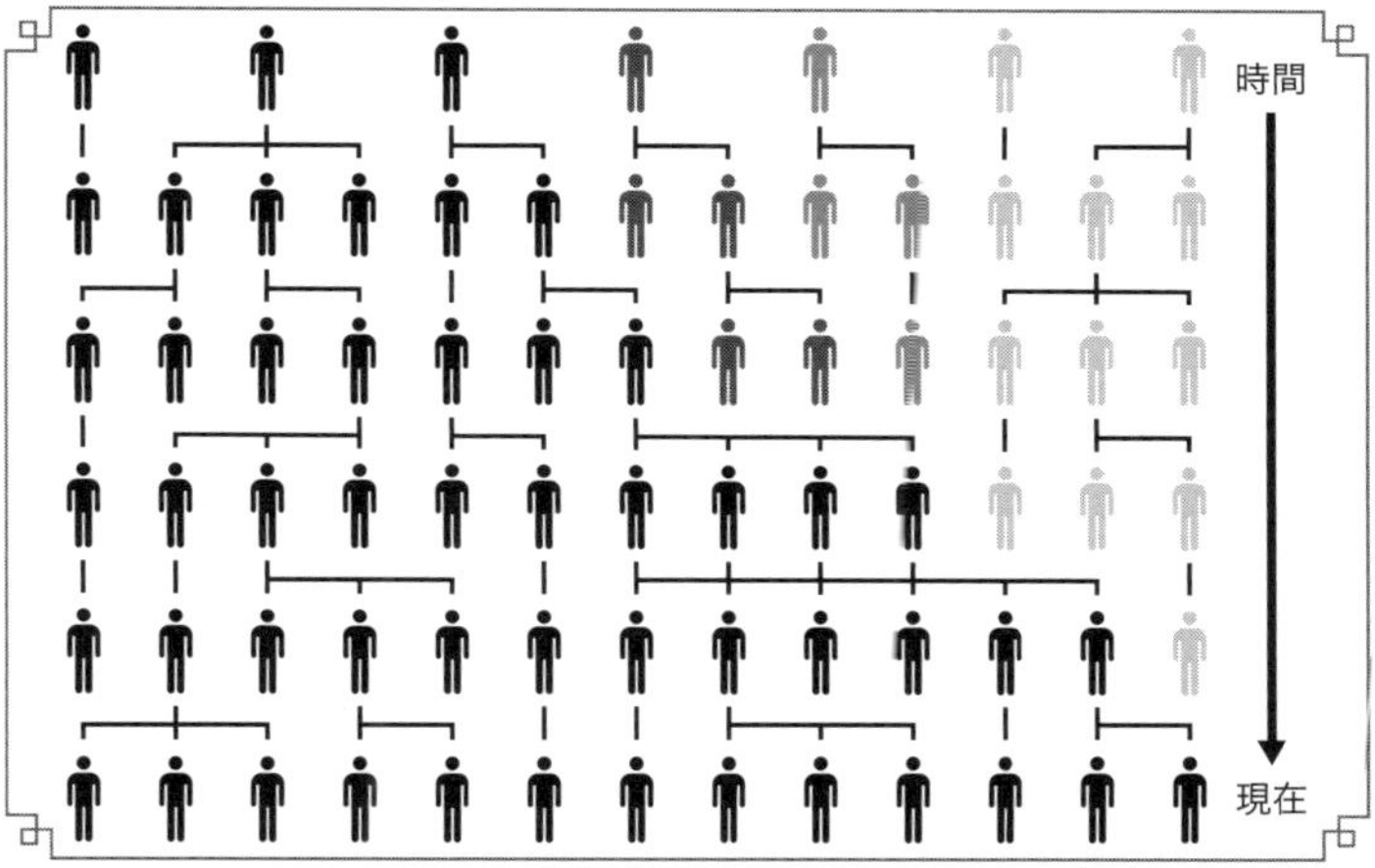

3人の個人（黒）が、現存するすべての系統を形成し得る可能性を示している。

西部に存在するC3という系統は、後の移動で大陸に入り込んだが、南米まで到達することはなかった。この二つの系統（C3とQ）は、アメリカ先住民が持つY染色体の九九パーセントを占めている。さらに言えば彼らに見られるのは、わずか五つの主要mtDNAハプログループ（A、B、C、D、X）のみだ。ユーラシアやアフリカに存在する何十というY染色体・mtDNA系統とは対照的である。この格差は、シベリアの氷河期極寒期を乗り越えて米大陸への移動を果たした集団に、遺伝的浮動が与えた影響を示している。

しかし、QやCなどの系統を生み出した、古代アジアのほかのすべての系統はどこからやって来たのだろう？　フィルの遠い祖先を求めてますます過去へとさかのぼり、シベリアを越え、実に彼とアジアの人々を結び付ける系統樹を導きだせるのだろうか?

奥深くへ

フィルのY染色体は、彼をQ系統に位置づける遺伝子マーカーを持っているが、同時に世界中のほかの系統とも遺伝子マーカーを共有している。各系統は別個の存在ではなく、共有するマーカーに基づいてともに系統樹を形成しているのだ。ラリーとサラのある特定の遺伝子マーカーがまずお互いを結び付け、それからジュアンとつながったことを思い出してほしい——すべてのハプログループには、系統間のより深い関係性を明示する遺伝子マーカーが入っていて、それによってハプログループは「マクロハプログループ」に大別される。そのようにフィルの系統をユーラシア大陸の対極と結び付けている遺伝子マーカーの一つが、M45だ。

M45は、およそ三万五〇〇〇年前に中央アジアで生まれた一人の男性に出現した遺伝子マーカーだと考えられている。彼の住んでいた場所が特定できたのは、M45に付随する多様性が世界一高く、そこでのみM45から分岐したすべての代表的な枝が見られるからだ(図4)。そこには、QとRの系統に属する人たちのほかに、M45以降ほかの遺伝子マーカーを持たないPの人々も含まれる。Q系統はすべて同じ領域の変化に由来し、フィルを「スーパーハプログループ」Pに位置づけている。興味深いことにフィルのQ系統は、共通の祖父M45を持つ

図4　Y染色体系統樹M45

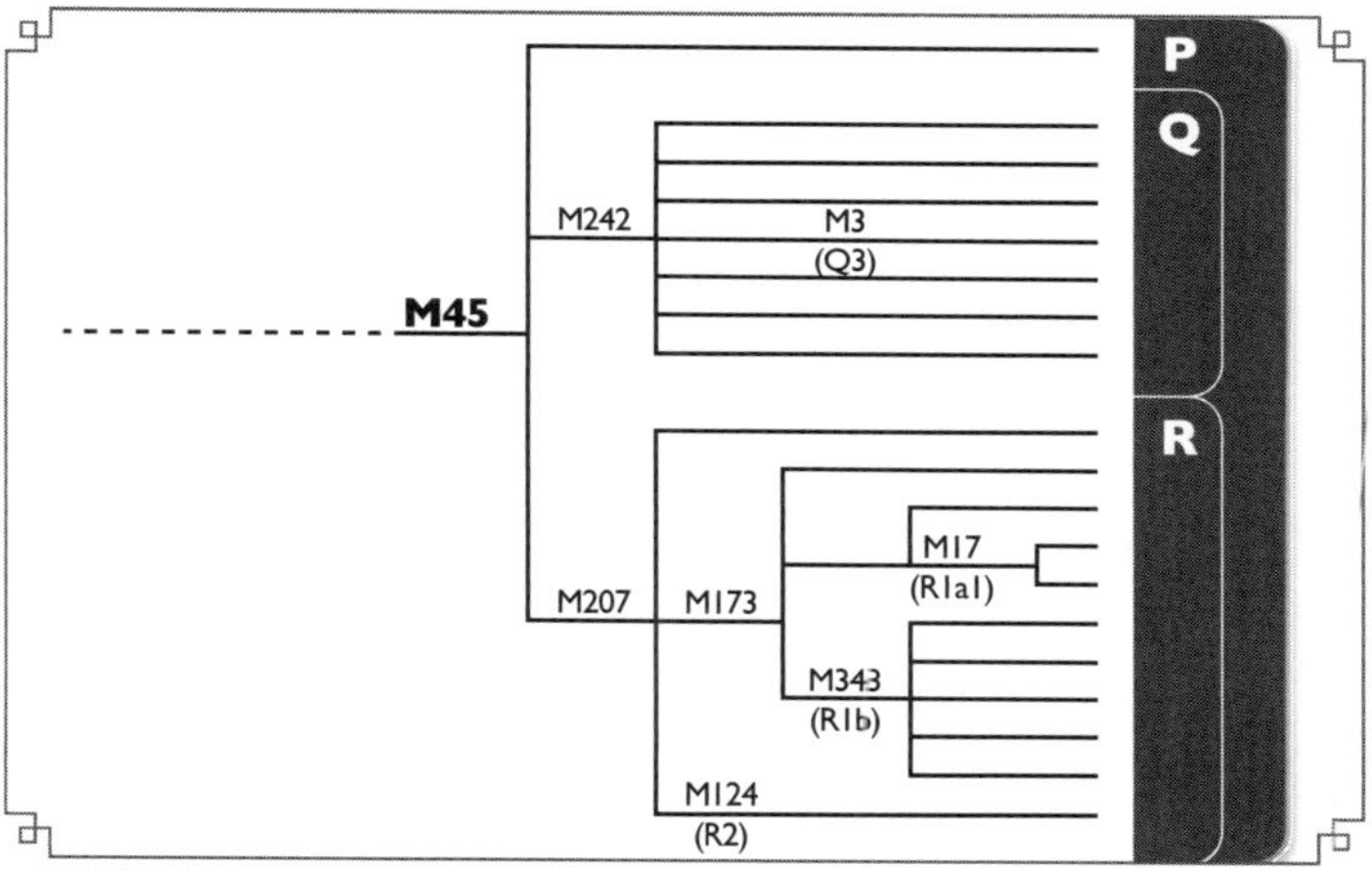

ほとんどの西ユーラシア人とアメリカ先住民の系統がM45から生まれた。

ことから、ハプログループRのいとこだということさえ明らかになってくる。Rは先に学んだとおり、ヨーロッパで高い頻度を見せている系統だ（ハプログループR1a1とR1b）。

　このことから分かるのは、多くの西欧人とアメリカ先住民の祖先は、なんと約三万五〇〇〇年前に中央アジアに住んでいた一人の男性だったという事実だ。彼の子孫はそこから西はヨーロッパへ、東はベーリング陸橋に突き当たり新世界に至るまで、その歩みを進めたのだ。一四九二年の航海でアメリカ先住民に遭遇したコロンブスが、三万五〇〇〇年前にアジアの草原地帯で同じ曾々……祖父を共有していた系統樹の二枝を再び引き合わせることになったと思うと、感慨もひとしおだ。

フィルの系統と西ヨーロッパの人々と結び付けたY染色体系統樹をもっと拡大していくと、ユーラシアの別の系統が姿を現す。先ほどと同じ手法を使って、ほかの系統と共通する遺伝子マーカーを探し出し、さらに大きな系統樹をつくるのだ。そこで出てきた次なる遺伝子マーカーをM9と呼んでいる。これによってアジアに存在するほとんどの氏族が系統樹に引き込まれる。

さらに深く

図5をご覧のとおり、M9は一見何の関係もなさそうな多数の系統を結び付けている。ほかのハプログループと同じように、各氏族はそれぞれを区別するための文字——KからOまでと、M45でつながったP、Q、R——を割り当てられる。M9は、ユーラシア大陸で見られるほとんどの異系統をひとまとめにしてしまう。なぜならすべての系統がこの遺伝子マーカーを共有しているからだ。

多様性の蓄積を基に計算すると、この氏族の創始者——Y染色体の突然変異によってM9を最初に保持した男性——は、およそ四万年前に生きていたようだ。系統樹から伸びる枝はどれもその子孫に当たる。その一つ、ハプログループKは、Pのような「スーパーハプログループ」だ。Kには下位系統もあるが、概してユーラシア大陸に見られるさまざまな系統のまとめ役と

図5　M9という遺伝子マーカーを持ち、4万年前ごろに生きていた男性の子孫たちがヨーロッパの大部分の系統を生みだした。

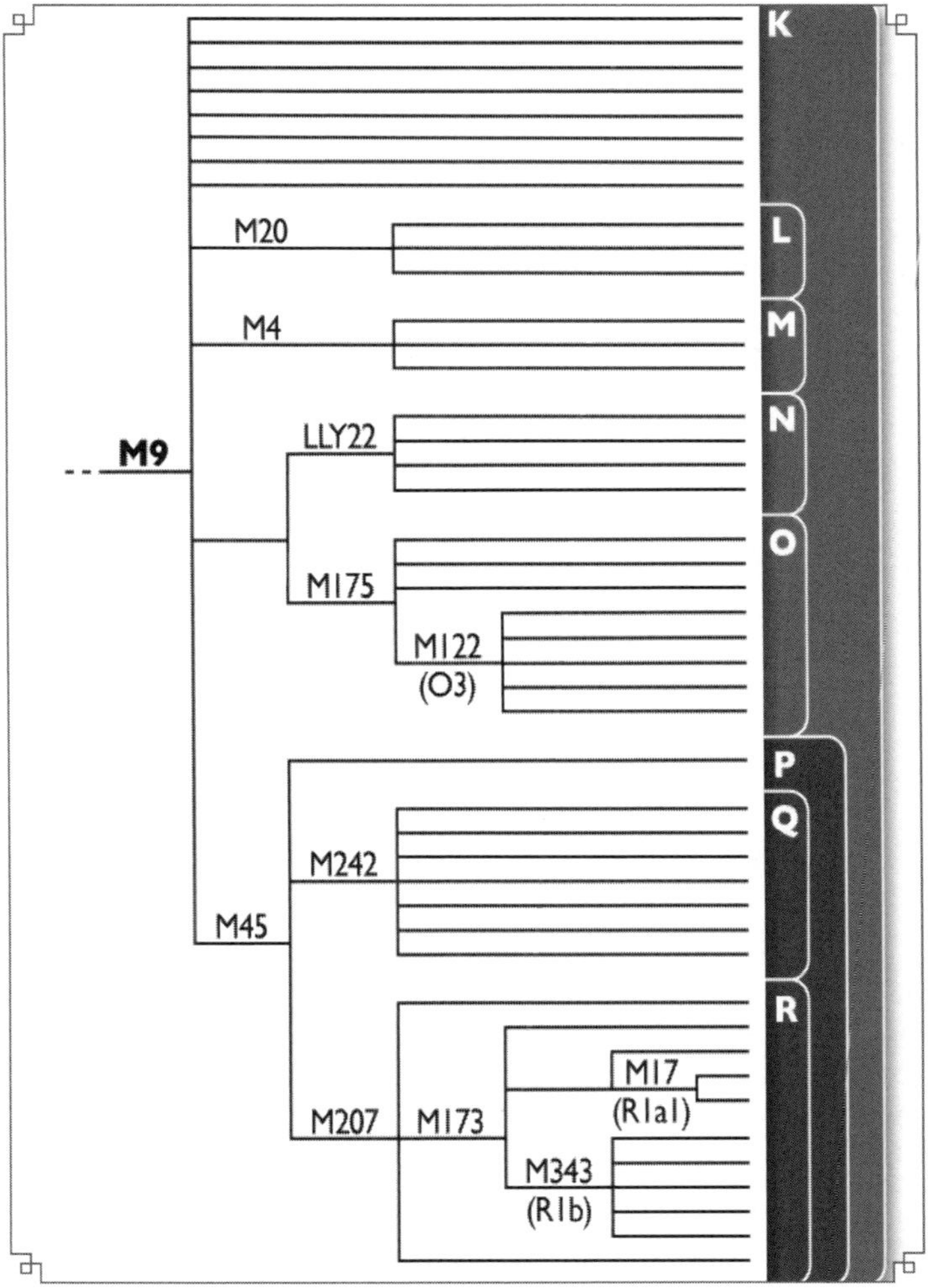

なっている。

Kが広範囲に分布していることから、その起源は中東か中央アジア、おそらくイラン・パキスタン周辺だろうと思われる。子孫たちはそこから大陸各地へと散らばっていった。N、P、Q、Rは最北の地を制したが、KとLは南に残り、MとOは東へ向かったのだ。現在、KとLは主に中東とインドに存在する。一方、Mはメラネシアを始めとしたオセアニアにしか見られず、Oは東アジアで圧倒的多数を誇るハプログループとなっている。

ヨーロッパの氏族がたどった経路同様、このような初期の放浪者がたどった経路も、地形や気候に左右された。中央アジアの雄大な山々は、パミール高原（現タジキスタン共和国に位置する）を中心に放射状に広がっているのだが、それによって大陸を移動していた人類集団は分断を迫られた。北を目指した者は最終的にシベリア、ヨーロッパ、そして両アメリカ大陸にたどり着く。南を目指した者は南・東アジアに定住するようになる（ヨーロッパ大陸に安住の地を求めた旧石器時代初期の探検家たちがたどったルートについては、巻末の付録に詳述している）。

Y染色体で見てきたパターンは、mtDNA氏族にも当てはまるのだろうか？　言い換えれば、三万五〇〇〇年前に現れたM45氏族の創始者には女性が連れ添っていて、その娘たちの系統もアメリカやヨーロッパに広がっていったのだろうか？　アメリカに関して言えば、はっきりとうなずける。アメリカ先住民の祖となる五つのmtDNA系統（A、B、C、D、X）はすべて中央アジアにも存在し、そこから男系氏族たちと同じ道をたどって米大陸に進入したことが明らかだからだ。

ヨーロッパについてはもう少し謎が深い。西アジアとヨーロッパのｍｔＤＮＡ系統にはつながりが見られるが、すべての系統が中央アジアからヨーロッパに入ってきたのかどうかは定かではない。おそらくはサンプルの不足、あるいは中央アジアにおけるｍｔＤＮＡ多様性の範囲に関する知識の欠如が原因だろう（ヨーロッパ人の一万件というサンプル数とは対照的に、鑑定を受けた中央アジア人のサンプルはわずか数百である）。現時点では、Ｒ１ａ１、Ｒ１ｂという男性側の主要氏族が中央アジアに起源を持っているにもかかわらず、ヨーロッパで見られるほとんどのｍｔＤＮＡ多様性は中東の由来だと考えられている。この筋書きの矛盾を正すことも、ジェノグラフィック・プロジェクトの目標の一つなのだ。

ただ明らかなのは、今日ヨーロッパで見られる遺伝系統はすべて、過去四万年の間に移動を果たしているということだ。ところが、最終氷期に初めての移住者がヨーロッパの地を踏んだとき、そこにいたのは彼らだけではなかった。この太古の出会いこそ、僕らが次に向かう目的地なのである。

私たちだけじゃない

西に向かった現生人類は、アジアステップ地帯に広がる酷寒の荒野を横断してヨーロッパへ

図6　初期の移住者は中東を出て中央アジアを目指したが、
西に向かいヨーロッパへ進出する者や、東アジアの各地域に住みつづける者もいた。

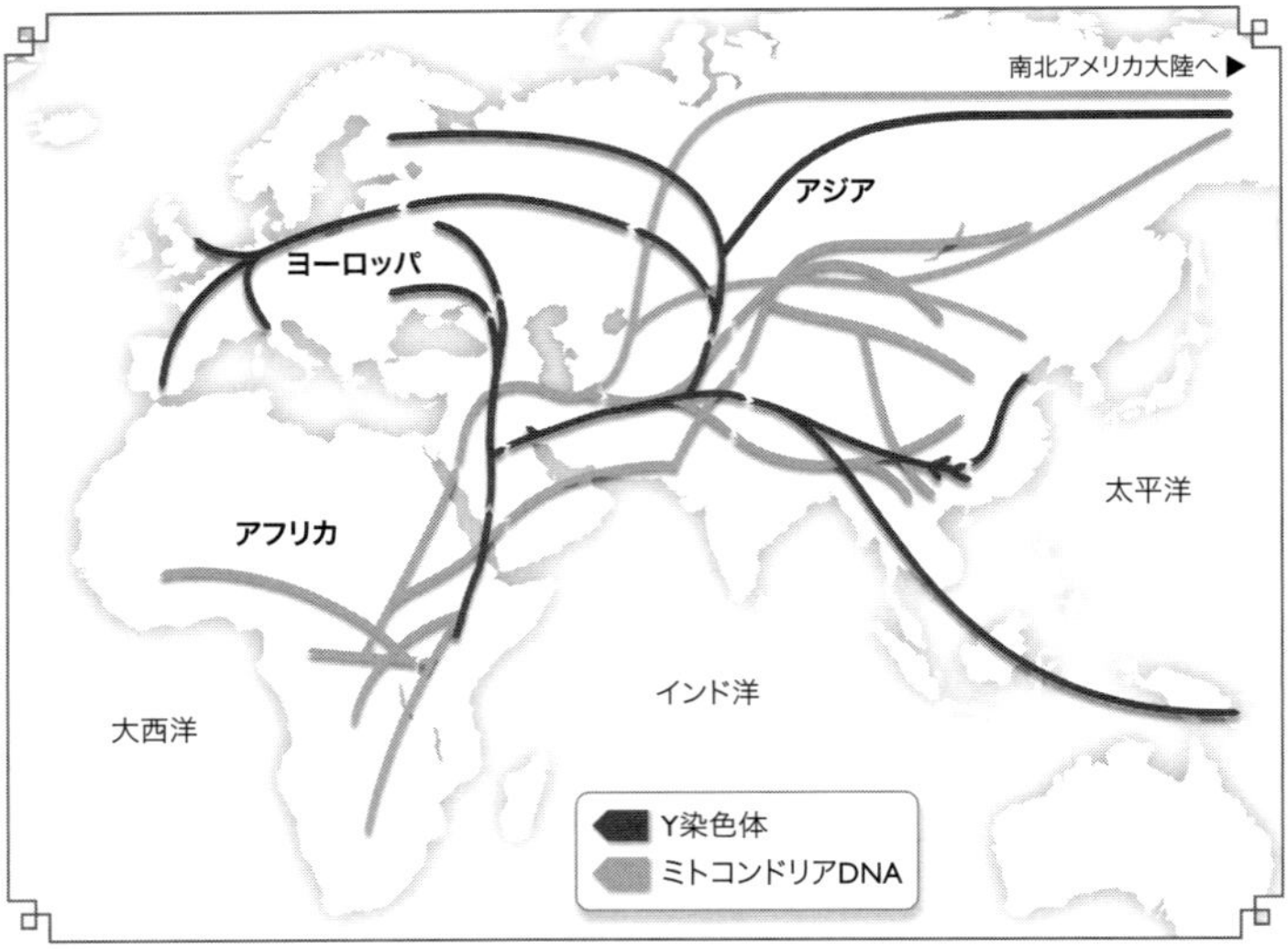

進入する間、草原に生息する動物たちによって生活を支えていた。マンモスやトナカイを狩り、遊牧民のごとく野営地に寝泊りしたのだろう。最終氷期のさなかにあっても遥かフランス東部まで続いていた草原の最果てに着くころには、彼らもそんな生活様式には順応していたはずだ。何千年にも及び、北の寒冷地で生きる知恵を培ってきた狩りの達人たちは、信じ難い逆境をも耐え抜くことができるようになっていた。シベリアや米大陸に進出したいとこたちと同じ技術をもって、彼らはヨーロッパへ立ち向かっていったのだ（図6）。しかしヨーロッパでは、「遠い親戚」という別の形で挑戦者が待ち受けていた。

三万五〇〇〇年ほど昔、現代西ヨーロッパ人の祖先（R1b氏族のメンバー）が本格的にヨーロッパに流れ込んできたころ、彼らはそこで別のヒト科生物――ネアンデルタール人に遭遇した。化石記録によると、ネアンデルタール人が最初にヨーロッパに姿を現したのは約二〇万年前で、現生人類が彼らの領土に忍び込んできたころには、その地にすっかり腰を落ち着けていた。ヨーロッパにおける氷河期の厳しい寒さを生き抜いてきたネアンデルタール人は、低温にも高度に適応できる体質に変化を遂げていた。分厚い胴体と太い骨は、彼らの生活が生死を懸けたサバイバルだったことを物語っている。それにひきかえ、後からやって来た現生人類は比較的背が高くやせていて、暖かい衣類など文明の利器を用いて北部の寒冷気候に対応した。

ネアンデルタール人は、およそ五〇万年前に生きていた人類の祖先から進化した。このヒト科の祖先は、ホモ・アンテセソール、ホモ・ハイデルベルゲンシス、もしくは古代型ホモ・サピエンスと呼ばれており、最初にアフリカに出現している。人間らしき姿をした古代生物の子孫は、その後中東やヨーロッパへ進出し、ますます寒冷な気候に直面しながらも、何万年もの歳月をかけて徐々に適応していった。

フランス中央部の雪原で自らの親戚と遭遇したとき、比較的しなやかな体つきをした現生人類の頭にはどんな考えがよぎっただろう？　ずんぐりとした体型の親戚と久方ぶりの対面を果たし、何か通じ合うものを感じ取っただろうか？　それともネアンデルタール人の粗野な振る舞いを鼻であしらっただろうか？　ここから生まれたのが近代人類学における大きな論争の一つである。ネアンデルタール人が、現代ヨーロッパ人の祖先だという可能性はあるのだろうか？

ネアンデルタール人は世界で初めて発見された化石人類で、一八五六年にドイツで見つかっている。当初多くの科学者たちは、眉弓《びきゅう》の隆起や人間らしからぬ骨の特徴から、病を患った人間の化石だと考えた。しかし同じような発見が相次ぎ、チャールズ・ダーウィンの偉大なる進化論が発表されてようやく、ネアンデルタール人はむしろ人類とつながりのある絶滅種だという認識が持たれるようになったのだ。だがそれは、彼らが僕たちの祖先だということを意味しているのだろうか？

この話題をめぐる論争は古人類学者たちの間で何年にも及んで白熱を続けている。スペイン北部のアルタミラで発見された同じような化石は、頭蓋骨に双方の特徴を備えていたことから、新来者とネアンデルタール人の混血が存在していたことをほのめかしている。しかしながら、古人類学によくある限界——小規模な化石のデータセットやあらゆる珍しい発見が、当時の一般的なパターンを代表するには至らないこと——は、こうした発見にまだまだ議論の余地があることを意味している。できることなら、現代ヨーロッパ人がネアンデルタール人の子孫なのかどうか、両者のＤＮＡ鑑定を行いたいところだ——このような血縁関係を解明できるのは遺伝学だけなのだから。

問題は、言うまでもなく、ネアンデルタール人がもはや存在していない点にある（隣のデスクで働いているうっとうしい同僚のことを、あなたがどう思っているかは別として）。約三万年前に絶滅した彼らについての知識は、唯一化石記録からしか得られない。遺伝学的見地から人類の祖先をたどる僕たちの研究は、各個人が持つ無傷のＤＮＡを対象とし、通常それは、生きている個体からしか調査できないことを意味する。ところが時として、遥か昔に死んだ組織から無傷のＤＮＡを取り出し、そのデータから遺伝的な関係を調べることができるのだ。一九九七年、まさにそのような研究が実施された。遺伝学者のマティアス・クリングスとスヴァンテ・ペーボによって、一八五六年にネアンデル谷で発見された最初のネアンデルタール人の化石が調査された。彼らの論文は古人類学界にセンセーションを巻き起こし、ネアンデルタール人の永遠の神秘をひらく手掛かりとなったのだ。

当時大学院生だったクリングスは、ミュンヘン大学にあるペーボ博士の研究室で、発掘された小さな腕の骨から丹念にＤＮＡを抽出していた。彼らはこの作業に一年以上を費やした。初期の試みは、研究室の人間や別の実験が残したＤＮＡ汚染によってくじかれてしまったが、ついに現生人類のデータベースと統計的に有効な比較が行えるだけのｍｔＤＮＡをつなぎ合わせることに成功。このサンプルから、ネアンデルタール人の塩基配列が、現生人類に見られる多様性の範囲から大きく外れることを発見した――これだけ著しく異なるのは、現生人類よりも長い間突然変異を蓄積してきたからに違いない。クリングスによって、ネアンデルタール人と現生人類の遺伝系統が分岐してから約五〇万年がたっているという試算がなされた。現生人類はネアンデルタールの子孫ではなく、むしろ遠い親戚だったことが明らかになったというわけ

図7　クロマニョン人（左）とネアンデルタール人（右）

だ（図7）。

当研究に対する批判の中には、この発見の正当性を立証できるだけのｍｔＤＮＡ配列が得られていないのでは、という声もあった。現代ヨーロッパ人の遺伝子プールにおけるネアンデルタール人系統の頻度が低すぎて、単にまだ見つかっていないだけではないのだろうか？　この議論には、ジェノグラフィック・プロジェクトによって決着がつけられようとしている。一〇万人以上のＹ染色体とｍｔＤＮＡ（ほとんどはヨーロッパ系）を調査した結果、ヒト多様性の通常範囲から逸脱した系統は一つもなかった。それどころかすべてのサンプルが、これまでの研究で確立された人類の各系統に当てはまるのだ。これだけ大きな数が集まれば、現代ヨーロッパ人の起源に関する疑問に明確な答えを出すことができるし、ヨーロッパ人集団内のＹ染色体・mtDNA系統の分布についてより多くの知識を得ることができる。現代ヨーロッパ人の祖先は、過去四万年以内に欧州へ入ってきたのであって、数十万年前にネアンデルタール人とともにやって来たわけではなかったのだ。

考えられるのは、より優れた知力と、技術を持ち合わせていた現生人類が、ヨーロッパに住む親戚を打ち負かし、絶滅に追いやったという筋書きだ。生物学的分化に捕らわれてしまったネアンデルタール人は、新参者との激化する競争に素早く対処するすべを持たなかった。この文化的適応能力があったからこそ、ステップ地帯からやって来た人々は、ホーム・グラウンドのネアンデルタール人を席捲することになったのだろう。考古学者の計算によれば、死亡率が年間たった一パーセント上昇するか、出生率がほんの一パーセント減少しただけで、たくましいわれらが親戚ネアンデルタール人は一〇〇〇年以内に滅びる運命だったのだという。

ネアンデルタール人より優位に立っていた新参者たちも、冷え込むヨーロッパの気候には勝てず、結局は撤退を強いられることになる。ほかの多くの動物たちと同じように、人間は気候の変化から身を守る最適な場所を探し求めた。広大な氷床がスカンディナビアやイギリスの全域に進出してくると、人類集団は可能な限り過ごしやすい待機場所——地中海沿岸へと退去し、結局行き着いたのが、第三章で説明したスペイン、イタリア、バルカン諸国のような、地中海の暖かな海水によって氷が進入できない場所だった。

しかしそこに思いがけない幸運が舞い込んできた。今でも完全には解明できていない何らかの理由から、約一万五〇〇〇年前に気候が変化しはじめたのだ。気温は上昇し、氷床は後退していった。この状況にうまく乗じ、各集団はそれぞれの遺伝子とともに北ヨーロッパへの道を引き返しはじめた。今日見られるヨーロッパ人遺伝系統の分布は、主にこの「越冬」やそれに続く拡散と、農耕を持ち込んだ新しいハプログループの移動が結び付いた結果といえる。

一つの家族、さまざまな顔

人類がヨーロッパの片隅に追いやられていたころ、アジアに住むいとこたちも同じような猛襲に耐えていた。極北の地に住んでいた小集団も存在したが、ほとんどのアジア人は、最終氷期が終わるまで自分たちの居住地で足止めを食っていた。ヒンズークシ、テンシャン、そしてヒマラヤ山脈から広がる氷河によって、閉じ込められていたからだ。インドにいた人々は亜大陸に隔離され、東アジア人の行動範囲は彼らの領土の中核である遥か東、おそらくベトナム、カンボジア、中国南部の周辺地域に制限されてしまった。

このころの人類は狩猟採集民族として小規模な集団で生活していたから、彼らが枝分かれを繰り返しながら新しい領土へと移動する間、遺伝的浮動はゆっくりと遺伝子頻度を変化させていったはずだ。遺伝的浮動は、たとえば僕たちがこれまでに学んだほとんどのｍｔＤＮＡ・Ｙ

染色体遺伝子マーカーの頻度分布の説明にもなる。氷河期と山脈によって隔絶された集団間の違いを招いたこの浮動は、東アジア人、インド人、ヨーロッパ人の容貌がそれぞれ異なる理由を解き明かす手立てとなるだろう。

しかし遺伝的差異の中には、選択の作用と考えられるものもある。ダーウィンの「適者生存」は、環境の変化に応じて、生存に有利になるように遺伝子頻度をじんわりと修正していく進化の力のことで、第六章で学ぶように、人間の肌の色が違う理由を説く近年最も有力な理論である。これを使えば体型の変化を説明することもできる。寒い北国に住む人々は、たいてい熱帯地方の人々よりもがっしりとした体格をしている――相対的な表面積を少なくすることによって、体温を奪われにくくする適応の力が働いているからだ。

ダーウィンが、著書『人間の由来』の中で論じた別の進化力も、今日世界中で見られるさまざまな身体的特徴を生みだすのに決定的な役割を果たしたと思われる。これは「性淘汰」と呼ばれ、配偶者を選ぶときの外見的基準に起因している。格好の例が、雄クジャクの尾羽だ。美しく雄大な尾羽だが、実際日常生活を送るうえでは邪魔に違いない。あんな羽がなければ、雄クジャクはもっと楽に飛び回り、捕食者から身を隠すことができるのだから。ところが交尾期が訪れると、尾羽はその最たる重要性を発揮する。なぜなら、雌は優雅な羽を持った雄クジャクとしか交尾をしない――尾羽のない雄どもは、遺伝子を伝えるすべを失ってしまうのだ。目の肥えた雌たちが、大きすぎて手に余る羽を基準に雄を選びつづけたため、やがて尾羽のない雄はいなくなった。そもそもなぜ雌が大げさな羽を好きこのんだかは分からないが、もしかしたらそれは、雄としての健全さや精力を表すシグナルの役割を果たしたのかもしれない——あんなハンディキャップを背負いながら生き抜いてきたなんて、彼はきっとたくましい子孫を残すに違いない、と。

人間に雄大な尾羽はない。だが僕たちを区別する特徴の多くは、何千年も昔に先祖たちが何を魅力と感じたか、その特異で局所的な判断の結果生じている。この理論は、人類の根本的な遺伝的差異は割合小さいのに（第一章で見たレウォンティンの研究結果を覚えているだろうか）、外見上は非常に変化に富んでいることの説明にもなるだろう。とはいえ、外見の違いを決定付ける遺伝子変化についてはほとんど分かっていないため、これが正式に検証された例はない。だが数年のうちにこのような遺伝子マーカーが発見されれば、人類の表面的特徴が性淘汰によって分化したという理論の試金石となるはずだ。この概念を追究することは、ジェノグラフィック・プロジェクトの目標の一つでもある。

人々がユーラシア大陸を移動する間、遺伝的浮動・気候適応・性淘汰という進化の力が組み合わさって、彼らの外見を変えていった。同時に話し言葉の変化も、新しい土地で生き延びるための文化的発達である。東南アジアの人々は、毛皮の裏地がついた暖かい衣類を作る必要はなかっただろうし、シベリアの狩人たちは、ほぼ一年中日焼けによる炎症を心配することはなかっただろう。言語から肌の色まで、僕たち人類の原型であるアフリカ人の特性は、初期の移動によって地域特有の形に変化を遂げ、その結果、今日世界中で見られる多種多様な特徴を生み出した。現在人間同士の見分けとなる違いの多くは、おそらくこの時期、過去四万年の間に生じたものだと考えられる。

これらはすべてアジアでの出来事だが、すでに地球上のほかの地域にも人類は生活していた。実のところ化石記録は、そこがアフリカを除いて人類が継続的に住みつづけている最も古い大陸だということを示している。これによると人類が移住を始めたのはおよそ五万年前――アジアステップ地帯の狩猟民たちがヨーロッパへ進出するかなり前ということになる。その地はオーストラリア。なぜ、どのようにしてそんなに早い時期から人間が住み着いたのだろう。その詳細は、人類が世界を移動する旅路において、興味深い物語を浮き彫りにしてくれる。

第5章

ヴィルマンディの物語▼海岸

Virumandi's Story: The Beach

二〇〇二年、僕は南インドの小さな村で、ヴィルマンディに会った。彼の詳しい所在については、僕の友人兼仕事仲間で、現在ジェノグラフィック・プロジェクト・インド研究所の主任を務めるラマサミー・ピッチャパン教授から前もって聞いていた。ピッチャパン教授とは、一九九〇年代後半に僕がオックスフォード大学で研究をしていたころからの付き合いだ。とある社交イベントで、数年前に電子メールのやりとりをしたことを覚えていますか、と声を掛けてきてくれたのが始まりだった。僕たちは一緒に組んだら何ができるかという議論で延々と盛り上がった。やがてそれが、僕をインドへ導くことになったのだ。

ヴィルマンディは、県庁所在地のあるマドゥライに程近いピラマライという村に住む、カッラル族の一員だ。南インドにおける遺伝子パターンの調査の一環として、ピッチャパンは彼の村からのサンプルを研究していた。この村は、遺伝子パターンを調べるには格好の場所だった。

というのも、ピラマライのカッラル族は南インドに何千年も住みつづけてきたからだ。

インド人の遺伝子分布パターンを調べることは、僕にとってはことさら興味深い課題だった。何しろ過去数年のほとんどの時間を、ユーラシア大陸の他集団から得たY染色体マーカーのサンプル抽出や遺伝型決定作業に費やしてきたのだから。この研究によって、中央アジアが世界の人口分布において重要な役割を果たしたことが明らかになっていた。先人たちにとって過酷な修行となったのが、故郷である熱帯の楽園から遠く離れた地で生き抜くための技術を学ぶことだった。彼らは暖かい衣服を身にまとい、新しい道具を開発して、ついには氷河期のさなかにヨーロッパと南北アメリカを占拠するに足る文化的適応を果たしたのだ。

ここでいつも浮かび上がる問題は、人類や生活用具の存在を示す最も古い証拠が、アフリカ以外では、アジアではなくオーストラリアで見つかっているということだ。もちろん、遠い祖先の最古の痕跡がアフリカにあることは間違いなく、二〇〇二年にはチャドの人里離れた砂漠地帯から七〇〇万年前の人類の親戚「トゥーマイ」が、そして大地溝帯《だいちこうたい》では最も古いヒト科の化石が発見されている。

僕たちの祖先がアフリカで生まれたのは明らかだとしても、ジェノグラフィック・プロジェクトが解き明かそうとしているのは、いつどのようにして彼らが世界に散らばっていったのかという疑問である。人類の祖先ホモ・エレクトゥスは、約一八〇〇万年前にアフリカを飛び出して中央及び東アジアの熱帯・亜熱帯地方に定住したが、おそらく東南アジアの島々に住む者を除き、一〇万年前ごろに死に絶えてしまった。ネアンデルタール人の祖先はおよそ五〇万年前にアフリカを離れ、その後同じように絶滅した。現在まで子孫を残しているヒト科生物は現生人類のみで、一一万年前ごろに中東へ分け入った初期のホモ・サピエンスでさえ、その三万年後には滅びてしまった。ここで僕たちは、化石記録に意表をつかれることになる。アフリカ以外で存在が確認された次の人類は、五万年前ごろオーストラリアに住んでいたのだ。オーストラリアで見つかった現生人類の痕跡は一番古く、少なくともヨーロッパに一万年は先立つ。しかし人類はどのようにしてそこに移り住んだのか、その謎はまだ明かされはじめたばかりだ。本章で説明していくように、ヴィルマンディらカッラル族によって運ばれたＤＮＡが、この謎解きの一翼を担うことになる。

ハチ時計

祖先の生活様式について分かっている情報のほとんどは、彼らが残した手工品からのみ拾い集めることができる。たとえば陶器の破片についた模様は、作り手が受けた何らかの地域的影響を示しているし、生活用具からは、作り手だけでなくその集団の物質的文化の水準がうかがい知れる。石の扱い方一つで、作品を生み出した者の心理状態を探ることもできる。

手工品が、そこに人間が住んでいた唯一の証拠となることも少なくない。骨を含む人間の組織は、長い間風雨にさらされると損壊する。無傷の軟組織は埋葬されて間もない人体からしか採取できず、骨は千年もたてば腐食してしまう。だから、祖先をたどる最も有効な方法は、彼らが作った手工品を発掘することになる。道具は当然誰かが作り出したものであり、複雑な物をこしらえることができるのは地球上でも人類だけなのだから、僕たちが発見した物はどうしたって先人の作品となるわけだ。

祖先たちが残してくれたもう一つの比類なき遺品は、五万年前ごろの考古学的記録に突如として姿を現す。これぞ芸術誕生の瞬間——ヒト、動物、もしくは幾何学的図形が、石の上に何かで引っ掻いたり着色されたりして描かれるようになったのだ。この進歩は、人間の脳の発達を理解するための手掛かりとなっている。人類の移動を追跡する観点から言えば、芸術を見つけたら、そこには必ず現生人類が住んでいたということだ。僕たちの遠縁にあたるネアンデルタール人は、ヨーロッパのショーヴやラスコーの洞窟に現生人類が描いたような壁画を残しはしなかったし、ホモ・エレクトゥスは自分たちが狩っていた動物の絵を東アジアの崖の表面に刻んだりはしなかっただろう。そんなことをするのは僕たち現生人類くらいなものだ。

いわゆる「岩壁画」は世界各地で発見されており、最も古いものはヨーロッパにある。壁画の描かれた洞窟という場所が、保存には完璧な環境だったからだろう。壁画はアフリカやアジアでも見つかっているが、年代は幾分新しい。たぶんその多くが吹きさらしの岩に描かれたためだと考えられる。

岩壁画はオーストラリアでも発見されていて（図１）、物語はそこから興味深い展開を繰り広げる。オーストラリア北西部のキンバリーで見つかった壁画には、人間や動物の姿が描写されている。人類の手によるものには違いないが、正確にいつごろ描かれたのかは定かでない。岩を引っ掻いて描いた絵の年代をどうすれば測定できるのか――どんな時計を使えばいいのだろう？　放射線による年代測定法はまず無理だ。岩に刻まれた絵には放射性炭素だって歯が立たない。

方法はあった。しかもそれは「古代昆虫の侵入」という形で現れた。キンバリーの壁画を調査していた考古学者たちは、絵の表面を覆う空っぽのハチの巣に気が付いた。当然これは、絵が刻まれた後にできたものだろう。光ルミネッセンス年代測定法という技術を使って検査したところ、驚いたことにそれは約一万七〇〇〇年前、さかのぼること旧石器時代の代物だと判明したのだ。さらに、ハチの巣が精巧な頭飾りをつけた人物像の上にあったことから、これが世界最古の人物画だということが明らかになった（ヨーロッパの洞窟にあるのは、ほとんどが動物の描写である）。巣の調査にあたった研究員のリチャード・ロバーツは、壁画がそれよりもかなり昔のものではないかと考えている。というのも、一万七〇〇〇年前のキンバリーの気候はずっと乾燥していて、人が住むのに適していたとはとても思えないからだ。

ではこのキンバリーの壁画は、オーストラリアに人類が存在していたことを裏付ける一番古い証拠となるのだろうか？　答えはノーだ――遥か南、シドニーに程近いニューサウスウェー

図1　オーストラリア北西部のキンバリーで発見された岩壁画

ルズ州のムンゴ湖で見つかった人骨は、四万五〇〇〇年から五万年前のものと測定された。この結果、アフリカ以外で見つかった現生人類の証拠としては、アジアにおよそ一万年の差をつけ、世界最古であることが明らかになったのだ。しかし彼らがアラビア半島、インド、東南アジアを通らずに、アフリカからオーストラリアまでまっすぐ航海してきたとは考えられるだろうか？

この難問に考古学者たちは長いこと頭を抱えており、極端な意見が論争の的となっている。現代オーストラリア人は東南アジアにいたホモ・エレクトゥスの子孫で、一〇万年かそれ以上前に豪州に入ってきたという説を唱える者。対して、現生人類の到来は過去一万年以内だと主張する者。真実はその中間あたりに横たわっている。遺伝学はこの疑問に答えるために必要な手掛かりをつかんでいるのだ。

現存するオーストラリア先住民《アボリジニ》は、ホモ・エレクトゥスを始めとした人類の親戚たちの子孫ではない。彼らのＤＮＡは、長い間の隔絶によってアジアに住む人々とは格段に異なっているものの、現生人類の系統だということは明らかだ。すべての非アフリカ人系統と同じように、アボリジニの祖先をさかのぼると結局はアフリカにたどり着く。では、人類はアジアをまったく通らずに、どのようにしてオーストラリアに到達したのだろう？　この謎を解くためには、遺伝学と考古学にいったん別れを告げ、再び気候学に救いを求めるしかなさそうだ。

すべて駄目なら……

これまでの章で学んできたように、過去五万年間、世界の気候はかなり不安定だった。今日僕たちは、間氷期と呼ばれる快適で割合暖かい時代に生きているが、かつての地球はもっと寒い場所だったのだ。極北に住む人々が露骨な影響を受けた一方で、熱帯地方の人々も気候の激変を免れることはできなかった。

ベーリング海に陸橋をつくり、フィルの祖先をシベリアから米大陸へ導いたのと同じ作用が、世界中で起こった。北の果てから広がった巨大な氷床が水を閉じ込めたために、最終氷期のあらゆる時点で水位の低下が一〇〇メートルを記録したのだ。たいした数値には聞こえないかもしれないが（小さめの高層ビルと大差ない）、高さよりも重要なのは陸地部分に起こった変化だ。

図2を見れば、オーストラリアが島大陸ではなくなっていることにお気付きだろう。むしろニューギニア島と結合して、スンダランドという古代大陸の一部を形成している。二つの島を分かつトレス海峡が、流れは速くとも非常に浅いことがその原因だ。今でもオーストラリアとニューギニア島には同じような熱帯の動植物種が生息し、中には風変わりな生き物も残っている。恐竜ヴェロキラプトルを思わせるような、一メートル五〇センチの捕食鳥ヒクイドリは、クイーンズランド州北部でも、海峡を渡ったニューギニア島の森林でも見ることができる。双

図2　約5万年前の氷期最盛期、極氷冠に水が閉じ込められ、海岸線が大幅に低下した。

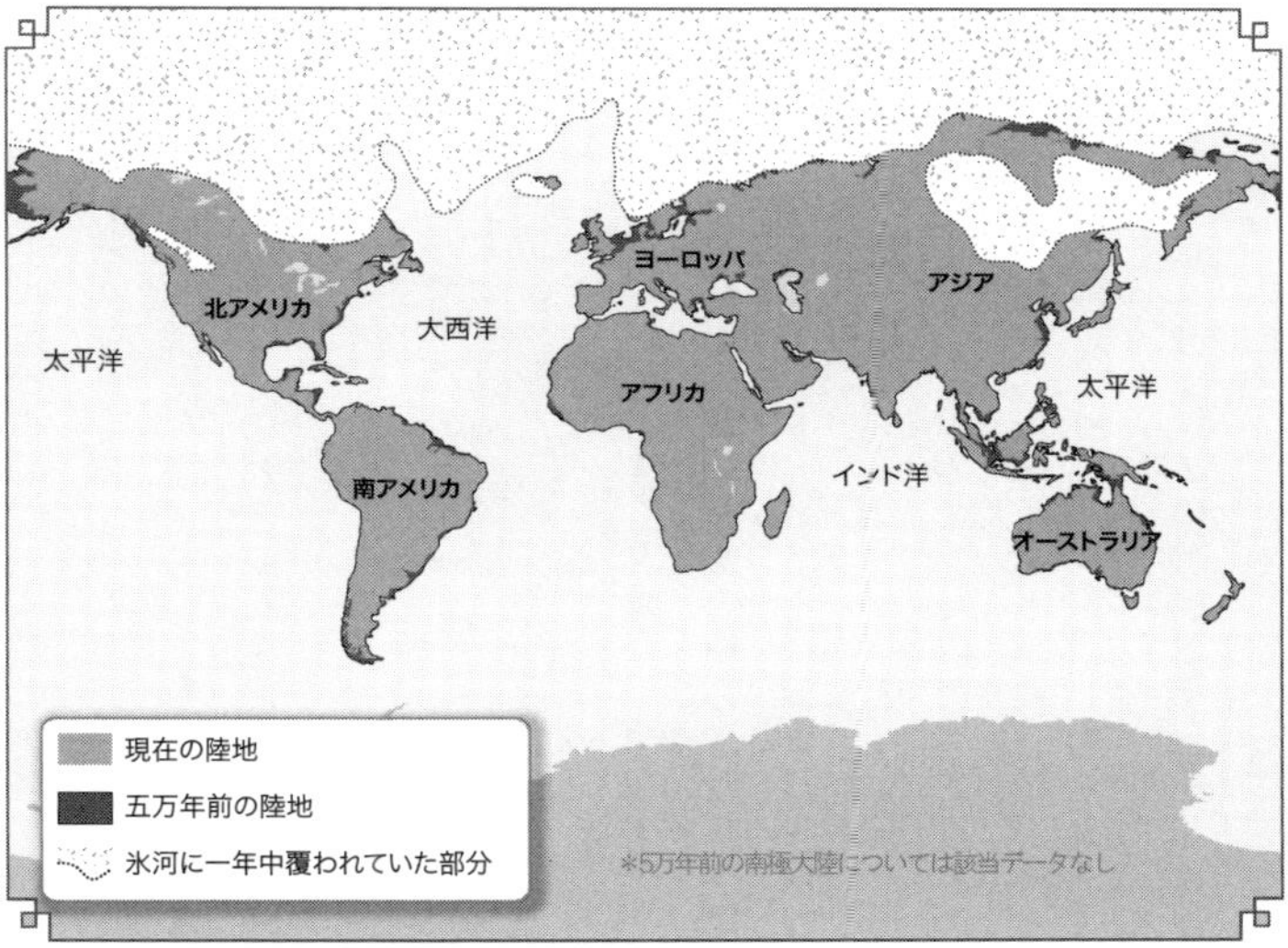

方のよく似た植物相も、昔々大陸がつながっていたころの歴史を反映している。

同様に、ほかの大陸も五万年前はもっと広かった。インド西岸は現在の位置より二〇〇キロも西にあり、スリランカと陸つづきだった。また、マレーシアの島の大部分は半島とつながっていたようだ。全体的に、海岸の様子は今とはまったく異なっていたらしい。現生人類がオーストラリアへ渡った初期の経路がたどれない理由は、そこにあるのだろう。彼らの野営地は、過去一万年間における海水の上昇に伴い水中に没してしまった。アジアで初期人類の痕跡を探そうとするならば、内陸部ではなく、むしろ沿岸近くの海底ということになる。興味深いことに、スリランカの海岸近くにある洞窟から、インド亜大陸最古の現生人類の遺跡が発見された。これは旧石器時代の石器類が、海底に埋没している可能性をほのめかしている。

だが、考古学的証拠を持ってしても初期オーストラリア人の移動経路をつかむことができなかったとしたら？　そのときこそ遺伝学が、現代アジア人の中から手掛かりを探し出してくれるはずだ。

干し草の中の針

アフリカから移動してきた人類は、途中インドを通過し、南アジアのほかの地域やオーストラリアに居を定めた。共同研究を持ちかけてきたピッチャパン教授は、ピラマライのカッラル族のサンプルが、インド人とオーストラリア人のつながりを露呈するだろうとは必ずしも期待していなかった。むしろ、カースト制、征服、移住など複雑な歴史を帯びたインド人集団同士の関係を追究したいと思っていたのだ。ところが、南インドで集めた数百件のサンプルを鑑定していたとき、僕たちはオーストラリアとの明らかな遺伝的つながりを発見した。最初の証拠となったのが、ヴィルマンディのものだった。

彼のＹ染色体をオーストラリアと遺伝的に結び付けたのは、ＲＰＳ４Ｙという遺伝子マーカー（Ｙ連鎖リボソームタンパク質Ｓ４を符号化した遺伝子の変異）、簡単に言えばＭ１３０（Ｙ染色体上に一三〇番目に見つかった遺伝子マーカー）という形で現れた。カッラル族を含む南インドの集団では五パーセントの頻度で見られるが、これまでに調査された数十件のアボリジニのサンプルの中では、優に過半数を超える支配的な系統である。また東南アジアでは約二〇パーセントの頻度で発生しており、これで僕たちはアジア大陸の南岸沿いにくっきりと残る遺伝子の足跡をたどることができるようになった。

僕が訪ねた二〇〇二年当時、ヴィルマンディは二六歳で、マドゥライ・カーマラージャル大学の図書館で司書を務めていた。彼は、村人たちの遺伝子分析結果を伝えるためにこの村へ戻ってきていた僕たちを、妻や両親と一杯のお茶を分け合って暮らすつつましい家に招待してくれた。それから僕たちはほかの村人を集め、彼らとオーストラリアのつながりに関する驚くべき事実を話して聞かせた。自分たちが科学的発見に重要な役割を果たしたことを知った彼らは、畏敬の念を隠せなかった。僕たちは握手を交わして別れを告げた。この結果をじかに伝えられたことに心から満足していた。

チュクチ族がフィルやアメリカ先住民との遺伝的つながりを持っているように、ピラマライのカッラル族も、アボリジニと結び付く手掛かりを遺伝子に秘めている。M130はインド北部にも見られるが、それは別の遺伝子マーカーによってC3という下位系統に導かれるさらに新しい派生型で、中央アジアやモンゴルでも一般的だ。おそらくモンゴルで発生し、一三世紀の征服劇が手伝って拡大していったものと思われる。

ヴィルマンディのような南インドに住む人々に見られる系統は、オーストラリア人が持つ同じC系統に直接受け継がれている。ということは、Cはまずアフリカからオーストラリアに続く沿岸ルートに出現し、その後初めて、おそらく東アジアの沿岸を通って内陸へ移動しモンゴルに到着したのだろう（図3）。ハプログループC3は、そのまま沿岸の旅を続けて米大陸へ進入したらしく、北米のいくつかの集団にはこの系統が高頻度で見られる。通常これらの集団は、北米で二番目に主要なナ＝デネ語を話すグループに属している。北米におけるC3の年代から、大陸にナ＝デネ語話者が入り込んだのは、過去わずか八〇〇〇年の間と思われる。このころベーリング海の陸橋は再び水中に沈んでいたから、移動は小船で行われたに違いない。

ｍｔＤＮＡも同じようなパターンを示しているが、こちらはあまり明確に定義されていない。マクロハプログループMは南岸ルートに広範囲で分布しているものの、中東では見られない。またインドでは四〇～五〇パーセント、東南アジアでは約二〇パーセントの頻度で存在する。ただしオーストラリア・アボリジニの中では、MもM１３０と同じく顕著な系統だ。どうやら男女は五万年ほど前に手を取り合って、徒歩で沿岸の長旅に出たらしい。しかし、調査に使われたアボリジニのサンプルが十分でないことから、過去五万年間にオーストラリアで生じた多様性パターンについてはいまだ不明な点が多い。このような古代の移動パターンを追究することも、ジェノグラフィック・プロジェクトの主な目的の一つである。

図3　アフリカを出た最初の人類集団は、南インドの海岸線に沿って進み、わずか数千年後にオーストラリアへ到達したものと思われる。

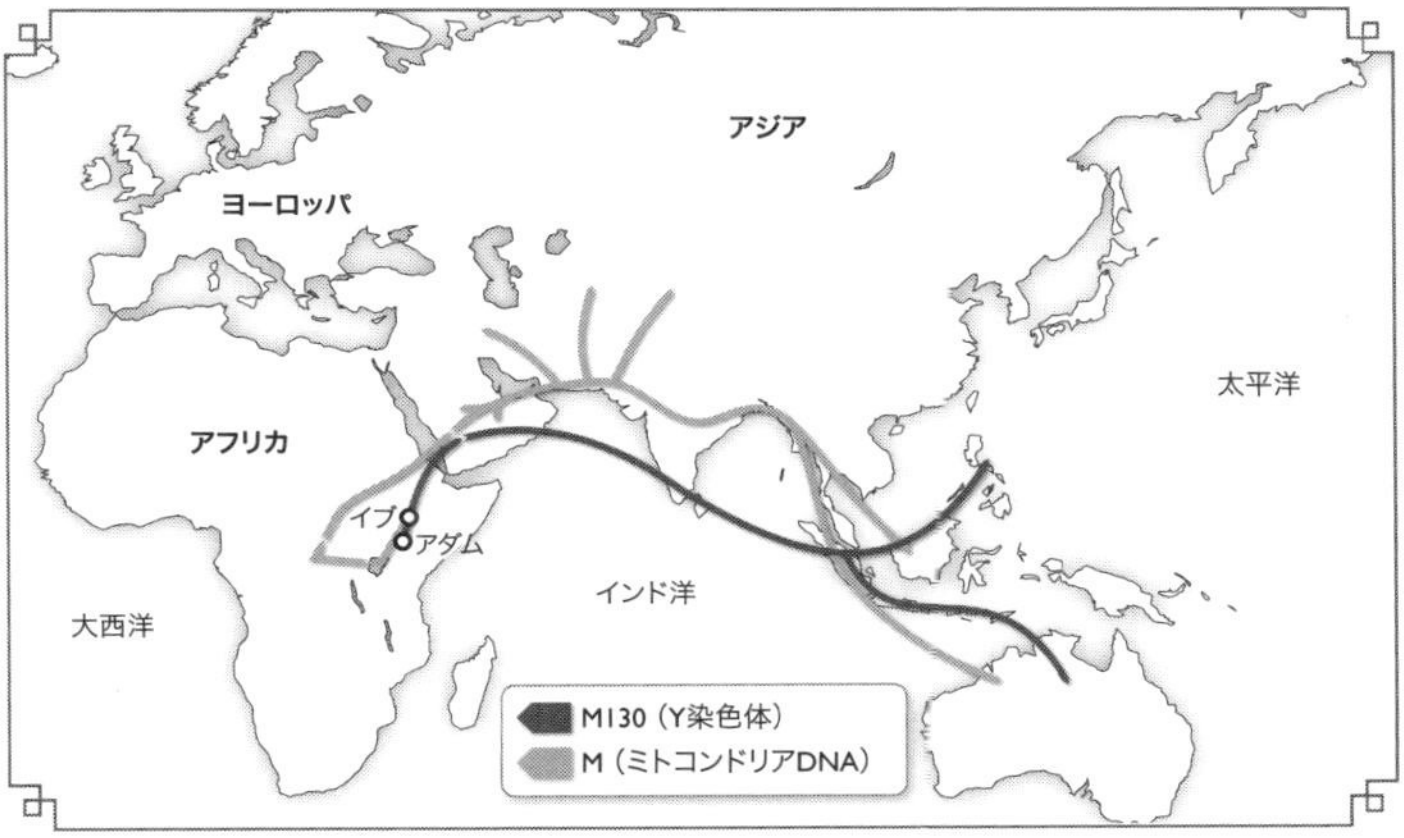

内陸部の波

インドと東南アジアにおける頻度分布は、こうした初期の沿岸移住者の末裔が今日では少数派だということを明示している。インド人の大部分、それどころかユーラシア、オーストラリア、そして南北アメリカ大陸に存在するＹ染色体系統の九五パーセント・ｍｔＤＮＡ系統の五〇パーセント以上は、別の移動に由来している——四万年前にフィルの祖先を中央アジアへといざなった、中東経由の内陸ルートだ。この新しい移動集団は、人類が世界中に拡散していくうえで最も大きな影響を及ぼすことになる。

　最終氷期に海水位が下がり、ヴィルマンディの祖先をインドへ導く沿岸の経路が姿を現したころ、内陸部の気候条件もまた変化していた。

全体的な乾燥化に伴い、東アフリカのサバンナはかつて森林だった地域まで拡大していった。地球の気候は、寒冷化の一途をたどりながらも急激な温度上昇が顔をのぞかせるという不安定な時期に突入。この結果、人類はさまざまな方角に行きつ戻りつし、彼らの行動範囲も拡大・縮小を繰り返した。サハラ砂漠は今より乾燥していたのと同時に、湿潤な時期もあったことが証明されている（図4）。湿気のある時期には、サバンナが今日の砂漠地帯まで侵入し、人間や狩りの対象である動物たちを北へと向かわせた。

こうした初期の狩猟採集民族は、湿潤な気候によって広がる草原に引き寄せられた一方で、気候の悪化によってそこから押し出されもしたのだろう。神経生物学者ウィリアム・カルビンは、気候の変化が人類進化に及ぼした影響について著述している。彼はこの時代のサハラ砂漠を一種のポンプに喩え、湿潤期には動物たちをほかの地域から吸い寄せ、乾燥すると吐き出すというふうに表現した。

乾燥期にポンプから吐き出されたあるヒト科の小集団は、四万五〇〇〇～五万年前にアフリカを離れ、中東へと進出した。彼らがとった正確なルートは不明だが、ジェノグラフィック・プロジェクトは目下サハラ砂漠に住む集団――特にチャド、スーダン、エジプトの集団――についての研究を行っており、それによって何らかの手掛かりが見つかることは必至である。四万五〇〇〇年前までにこの小集団は中東にしっかりと根を下ろし、頭蓋骨や生活用具など考古学的に充実した証拠を後世に残してくれた。それだけではない、M89と呼ばれる、北半球

図4　周期的な気候変動により、現在広範囲に広がるサハラ砂漠は、大幅に縮小した。

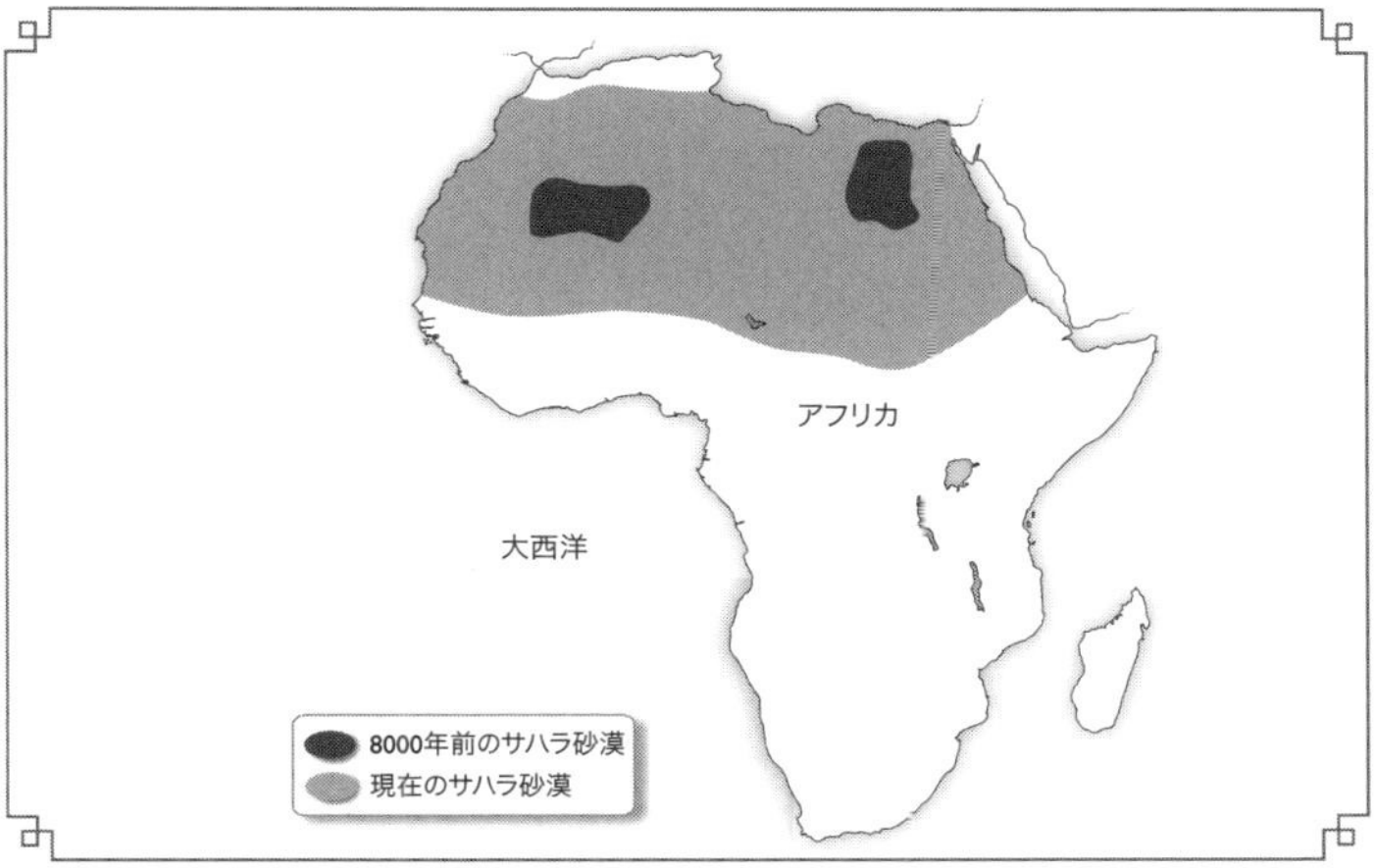

に住む大部分の男性の起源となる独自な遺伝子マーカーさえも。Ｍ８９が草原の旅をともにしてきたと思われる女性はｍｔＤＮＡ氏族Ｎに属していて、同時期にアフリカを出て中東を目指したようだ。

人類が中東へ移住したのはこれが初めてではなかった。一〇万年前のものと思われるホモ・サピエンスの頭蓋骨やほかの化石が、カフゼー洞窟やスフール洞窟で見つかっているからだ。しかしそれから約三万年後、彼らは忽然と姿を消してしまう。五万年前ごろに中東に再び人類が現れるまで、化石記録には長い隔たりが生じている。

だがいったんアジア大陸に居を定めると、人々は急速に拡散していった。遺伝学的根拠に基づくと、内陸部の集団は中央アジアやインドへ迅速に移動し、ある系列はフィルの祖先となるべく遺伝子マーカーＭ９とＭ４５を蓄積した。Ｍ８９とＮの子孫もインドに広がり、その後すぐに東アジアへ到達。初期の人類が北極地方を除くアジア大陸の大部分に入植するまでに要した時間はわずか一万年ほどと思われるが、最後の辺境を制するまでには、フィルの祖先が氷上を旅した二万年前まで待たなくてはならない。

Ｍ８９またはｍｔＤＮＡのＮに属する内陸氏族はやがて、かつては沿岸氏族（Ｍ１３０またはｍｔＤＮＡのＭ）だけが住んでいた地域まで拡大していった。なぜ彼らがそれほど力をつけたのかは定かではない――たぶん集団の文化的特性が発達したことによって優位性を増したのだろう。ただ明らかなのは、現在見られる沿岸系統の頻度は昔に比べるとごく低く、ほとんどのインド人男性の起源をたどると、内陸の草原を旅してきた集団に行き当たるということだ。

ユーラシアのアダムとイブ

ヴィルマンディの系統を特徴付けるＭ１３０は、ひとりでに発生したわけではない――そこにも祖先が存在していた。その根をたどっていくと、僕たちは極めて重要な遺伝子マーカー、Ｍ１６８に行き当たる。これは五～六万年前に、おそらくアフリカ北東部で誕生した一人の男性が最初に保持したものだ。この男性こそが、インドや果てはオーストラリアに続く沿岸の大移動を引き起こした張本人であり、数千年後には彼の曾々……孫の一人が、アフリカから中東へ旅立ったM89の系統を生み出したのだ。

女性側について言えば、アフリカの外で見つかったM・N両系統をもたらしたのは、ある女性が持つL3aというmtDNA型だった。約六万年前、M168とおおよそ同時期に生まれた。M168とL3aは、ともにユーラシアの「アダム」と「イブ」となる――ユーラシア大陸ひいては南北アメリカ大陸のすべての人々が、両親それぞれの家系をたどっていくとこの二人に行き着くのだ。彼らは現世界人口の八五パーセントを生み出した人類の祖先なのである。

しかし図5が示すように、人類の系図が表すのはM168とL3aの系統だけではない――彼らは今日アフリカ以外で見つかる系統の生みの親に過ぎない。別の系統がアフリカだけで見つかっているからだ。この事実は、化石記録による指摘と同じように、人類がアフリカで進化を遂げたこと、そして、世界の他地域で人口を形成したのが、五万年ほど前に大陸を離れたアフリカ人小集団だったことを意味している。遥かなる祖先を探す旅の最終目的地で、僕たちはついに人類の始祖と対面することになるのだろうか。

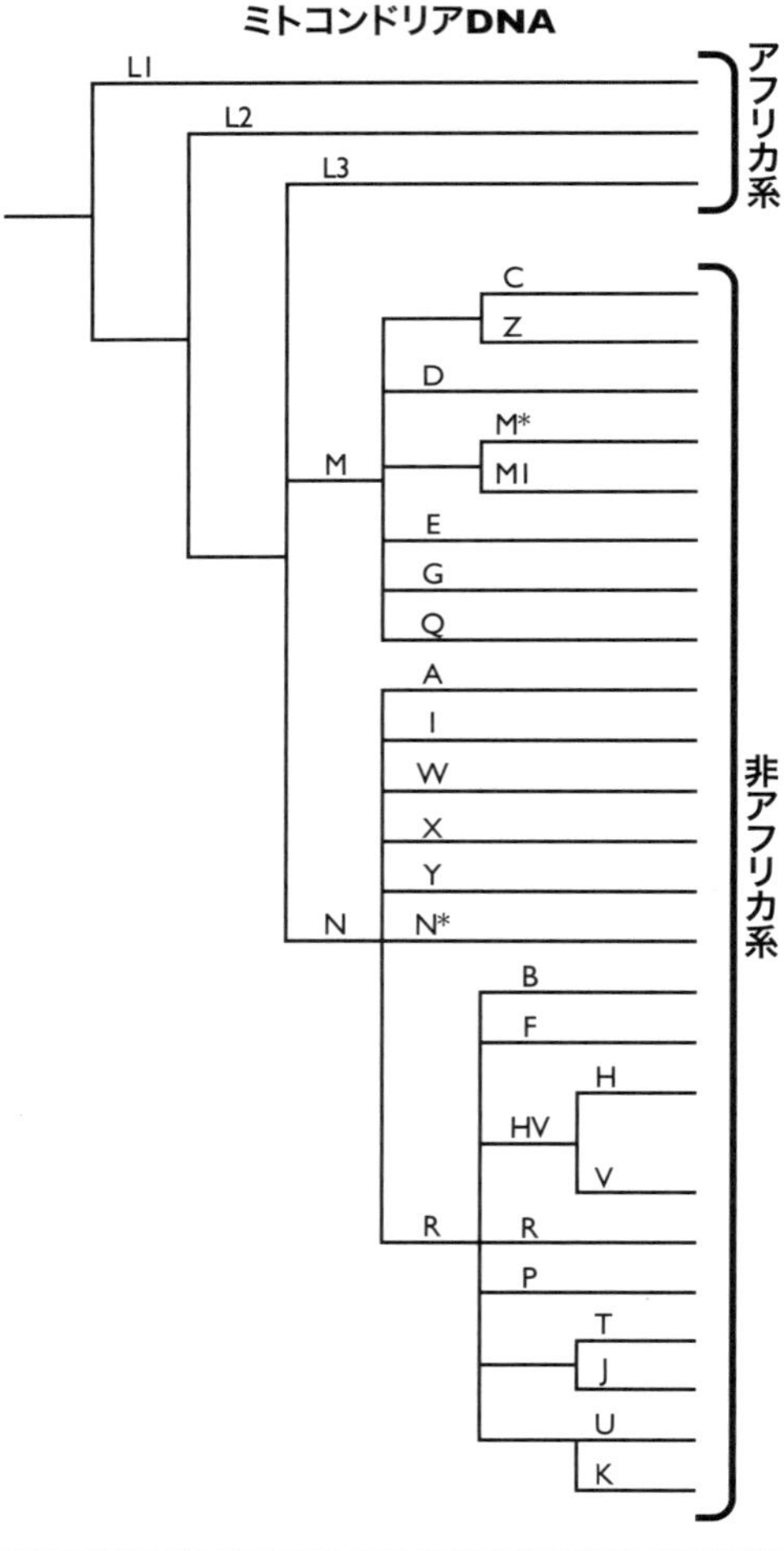
ミトコンドリアDNA
L1
L2
L3
アフリカ系
C
Z
D
M*
M
M1
E
G
Q
A
I
W
X
Y
N
N*
非アフリカ系
B
F
H
HV
V
R
R
P
T
J
U
K

図5　Y染色体とミトコンドリアDNA双方の系統樹
掘り下げると、アフリカ系と非アフリカ系に分岐していることが分かる。

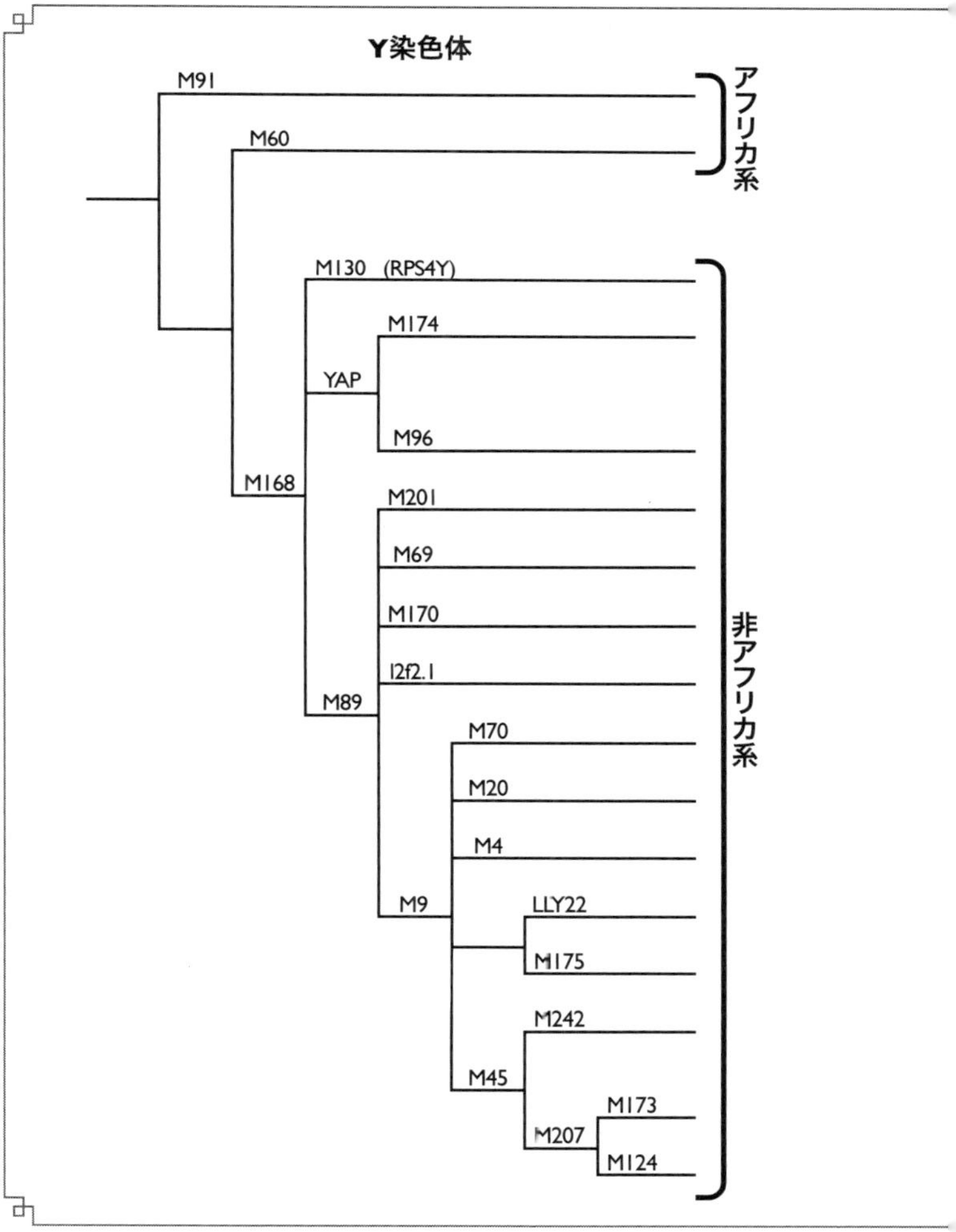

第6章

ジュリアスの物語▼発祥の地

Julius's Story: The Cradle

僕がジュリアスに出会ったのは、二〇〇五年一月、「DNAミステリー：アダムを探せ！」というドキュメンタリー番組を撮影していたときのことだった。この番組で僕たちは、どのようにY染色体の研究から僕たちの共通祖先――現在生きているすべての男性の起源――を見いだしていったのかを再現した。ジュリアスは、タンザニアの大地溝帯周辺で生活する、ハザァベと呼ばれる狩猟採集民の部族長だった。

ハザァベ族、通称ハザ族は、現代社会において大変希少な民族だ。現代人のほとんどは、一万年前に作物を育てはじめた人々の子孫である。農耕がこれだけ普及したのだから誰もが実践しているはず、とあなたが決め付けるのも無理はない。ちょうど欧米の子供たちが、ビーフやチキンが初めからラップできれいに包まれて、スーパーに並べられていると思い込んでいるように。だが言うまでもなく、肉を食べるということは、新鮮そうな切り身を選んでクレジットカードで支払うことではなく、動物を飼育し自ら処理することを意味していたのだ。

ハザ族は五万年前の祖先と同じように、野生の動物を仕留め、野草を採り、天然の水源を探しながら生き延びている。ハザ族と時を過ごすのは、政府も帝国も、町や村さえも存在しない、農耕以前の時代を訪れているような感覚だった。

二一世紀に本物の狩猟採集民族はほとんど存続していない。僕のようにハザ族の生活を体験できた例は非常に珍しいだろう。近年まで大半の国の政府は、彼らを強引な社会政策による統制が必要な、恥ずべき時代錯誤の集団と見なしていた。ジュリアスなどは子供のころ地元の学校に通うことを強いられ、民族の言葉を喋ることは許されなかったのだという。狩猟採集民族が経済発展の妨げになると思われていたいささか偏狭な時代、同じような社会的アプローチがオーストラリアのアボリジニ、ソ連時代の多くのシベリア先住民族、そしてイヌイットや米大陸のほかの集団にも施された。このせいもあって、現在地球上にはたった一万人の狩猟採集民しか残っていない。厳密に定義すればさらに少なくなる可能性もあるだろう。

政府は最近まで過小評価していたようだが、狩猟採集民の生活様式は非常に優秀な適応形態なのである。数百万年に及ぶヒト科の全歴史のうち、一万年前（ヨーロッパ北西部ではもっと最近）まですべての人類はこのような暮らしをしてきたのだから。二〇人ほどで構成されたジュリアスの小さな集団が、僕たちがとうに捨て去った生き方を保持しているのは、長きにわたる成功の証であって、後退を意味しているのではない。

ハザ族のような狩猟採集民族の生活は、過去をのぞくための驚くべき窓口となる。たとえばハザ族が話す言語は、打楽器を鳴らすような一連の複雑な音――コルクがポンと抜ける音や、欧米人が不満を表すときの「チッ、チッ」という音に似たもの――が、単語の中に入り混じっている。同じ語族（コイサン語族と呼ばれる）の仲間には、一〇〇種類を超える音素を持つ言語もあるのに、英語などヨーロッパで話されるほとんどの言語には三〇種類前後の音しかない。さらにこの吸着音（舌打ち）交じりの言葉は、僕たちの祖先が話していた最古の言語の一つかもしれないのだ。

吸着音

言語は人類が持つ決定的な特徴の一つである。ほかの生物種は単純な非言語信号によってコミュニケーションを図っており、中には鳥や鯨など、比較的簡単なアイデアを音声で伝えるものもいる。とはいえ、長々と単語をつなげて複雑な意思を伝達する能力を進化させた生物種は、人間のみなのだ。

言語によるコミュニケーションは、人間が身につけた最も高度な技術である。標準的な会話を考えてみても、言語の基礎構造となる文法規則の習得、さまざまな語彙《ごい》に対する知識、また文脈を築くうえでの短期及び長期記憶が必要なほか、顔・口・喉の約一〇〇種類もの筋肉を含む運動技能が要求される。筋力の重要性は、小さな子供が通常、正確に発音できる言葉よりもずっと多くを理解していることから分かるだろう。しかし僕たちの言語能力の本当の素晴らしさは、脳の中に隠されている。

チンパンジーは発話に必要となる繊細な運動器官を持たないが、コミュニケーションの手段として手話を覚えることができる。しかし「バナナ、食べる」、「外、行く」といったさまざまな二語文を構築することはできても、あなたが今読んでいる複雑な文章を作るのに必要な「統語法」の理解を持たない。人類と、利口なチンパンジーを含む他生物種との大きな隔たりから、言語が発達したのはヒト科の進化において比較的遅い時期だったのではないかと、人類学者は考えている。

遺伝子データによると、チンパンジーと人類に通じる系統は、約六〇〇万年前に分岐している。この年代は、第二章で学んだのと同じ手段、すなわち人間とチンパンジーのヌクレオチド配列の差異を数え、既知の突然変異率をもとに、両者が枝分かれしてからどれくらいの時間がたっているのかを計算した末に到達したものだ。人類につながる最初の祖先が、今日類人猿に見るのと同等の言語能力しか持っていなかったとしたら——この仮説にほとんど間違いはないのだが——僕たちが言葉を操る能力は過去六〇〇万年の間に発達したということになる。だが、それは進化のどの段階で発生したのだろう?

この疑問を解くためには、現生人類に至る進化の道筋で、人体がどう変化していったのかを

図1　100万年前ごろの石器（上段）にはしばらく著しい変化は見られないが、
約5万年前になると、複雑な技術や最初の芸術の痕跡が目立ちはじめる（下段）。

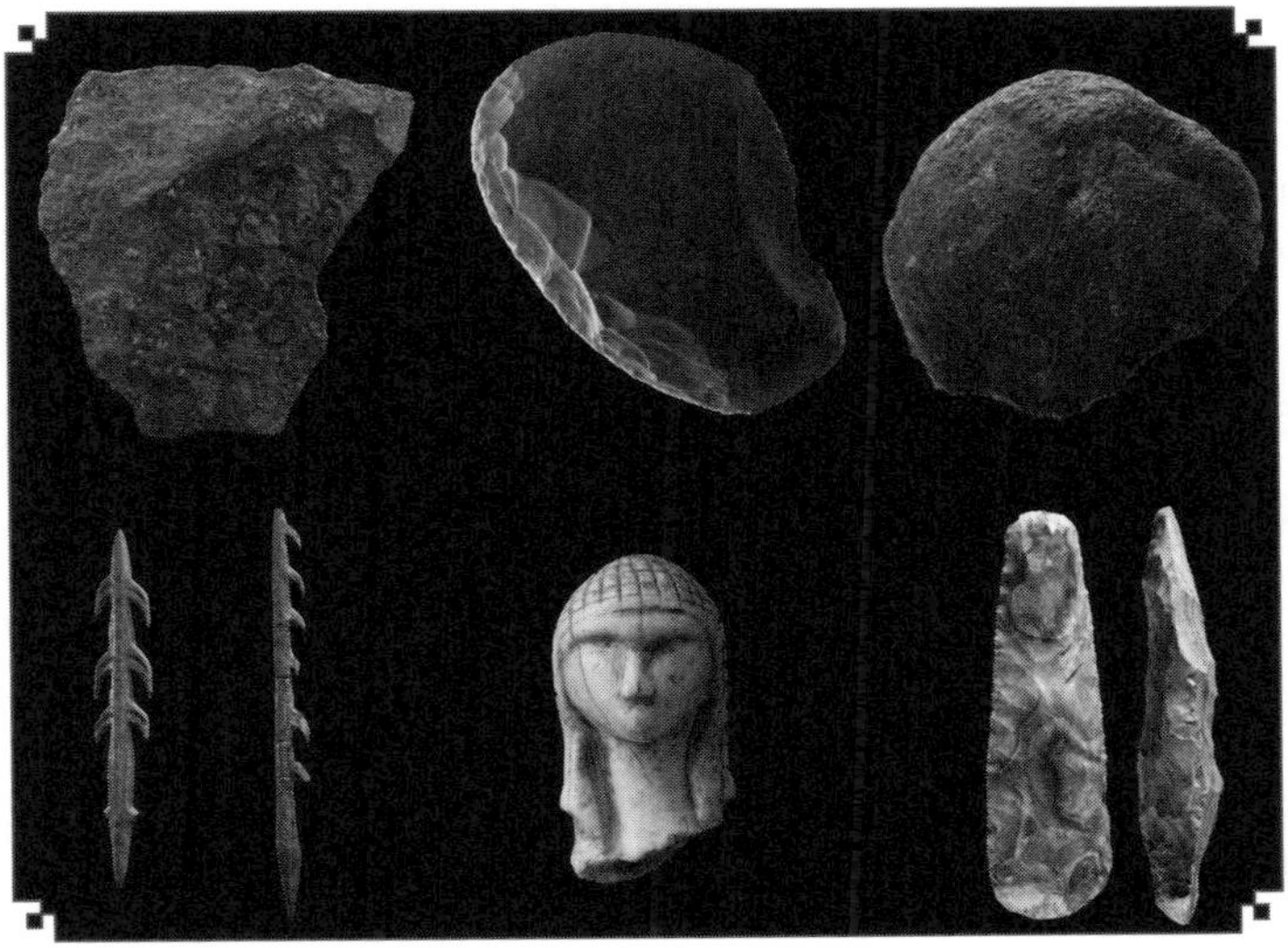

調べる方法がある。最初期の祖先がどのような姿をしていたのか正確には分からないが、今の僕たちよりも猿に近かったことは確かだろう。第一の顕著な変化は「二足歩行」、二本の足で真っすぐに立って歩いたことだ。これは、第二の大きな歩みとなる脳拡大のかなり前、四五〇〇万年前のヒト科アルディピテクスの時代に生じたと思われる。人類がなぜ二足歩行を始めたのかについては議論が絶えないが、環境の急激な変化に伴い日中の直射日光への露出を減らそうとしたことが要因になったと考えられる。脳の大きさにまだ著しい伸びが見られず、初期人類の遺跡には生活用具の跡がないことから、二足歩行によって両手が自由になり道具が

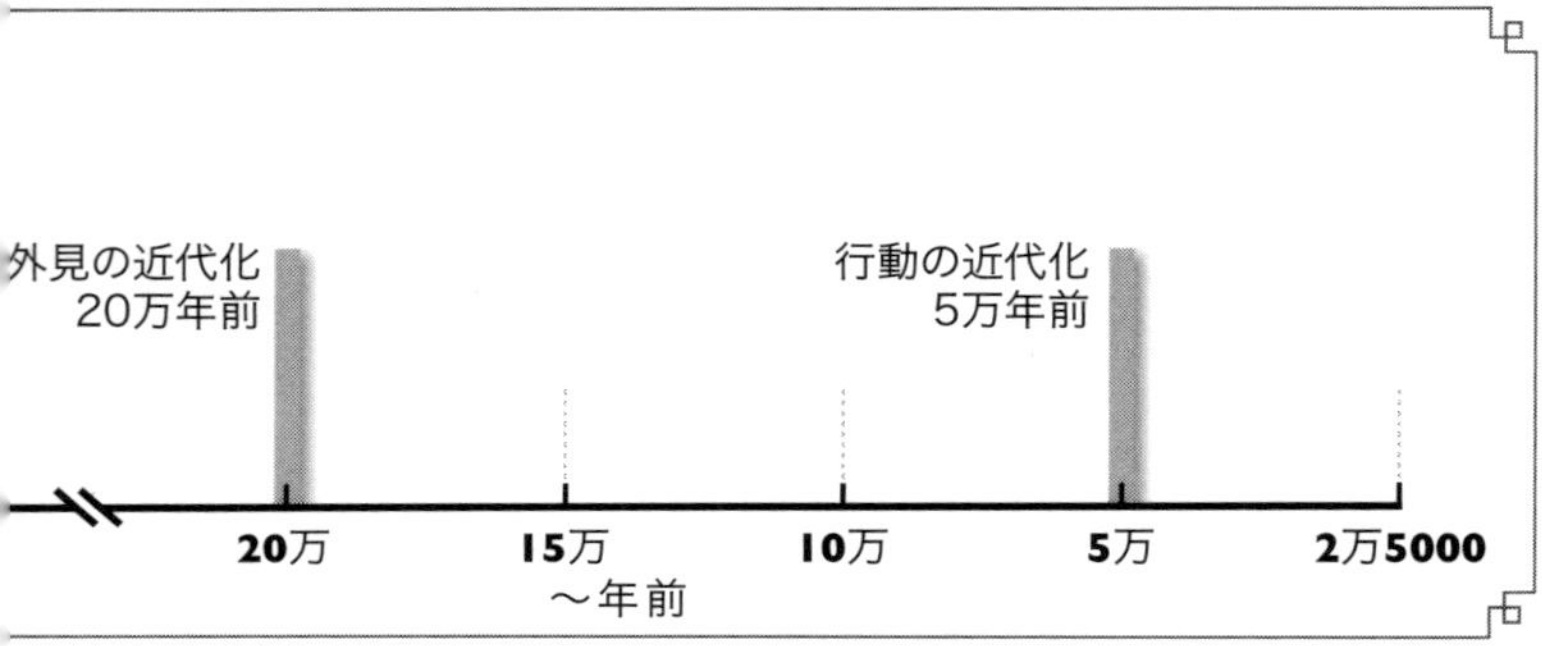

使えるようになったというダーウィンの理論は、直立二足歩行の理由としては適切でないことが分かる。

次の飛躍は脳拡大によって起こった。アウストラロピテクス時代には猿と変わらぬ数百ccだった脳が、最古のヒト属ホモ・ハビリスでは六〇〇〜七〇〇ccまで、またホモ・エレクトゥスでは八〇〇〜一二〇〇ccまで増大している。人類はおよそ二三〇万年前、ホモ・ハビリスの時代に道具を使いはじめたのだが、その変化（図1）に象徴されるように、思考が複雑化することによって脳拡大が起こったのではないかと思われる。

脳のサイズはそれから一五〇万年間成長を続け、五〇万年前には現生人類に匹敵する一三〇〇ccに達している（図2）。このように大きな脳を持ったヒト科生物は、ネアンデルタール人の祖先でもあったらしく、彼らの脳が現生人類よりも平均して一〇パーセント大きかったことが分かっている。だがその行く末は、サイズがすべてではないことを暗示している。脳の大きさで言えば劣っていたものの、

図2　現生人類の進化における過去500万年間の主要な歩み

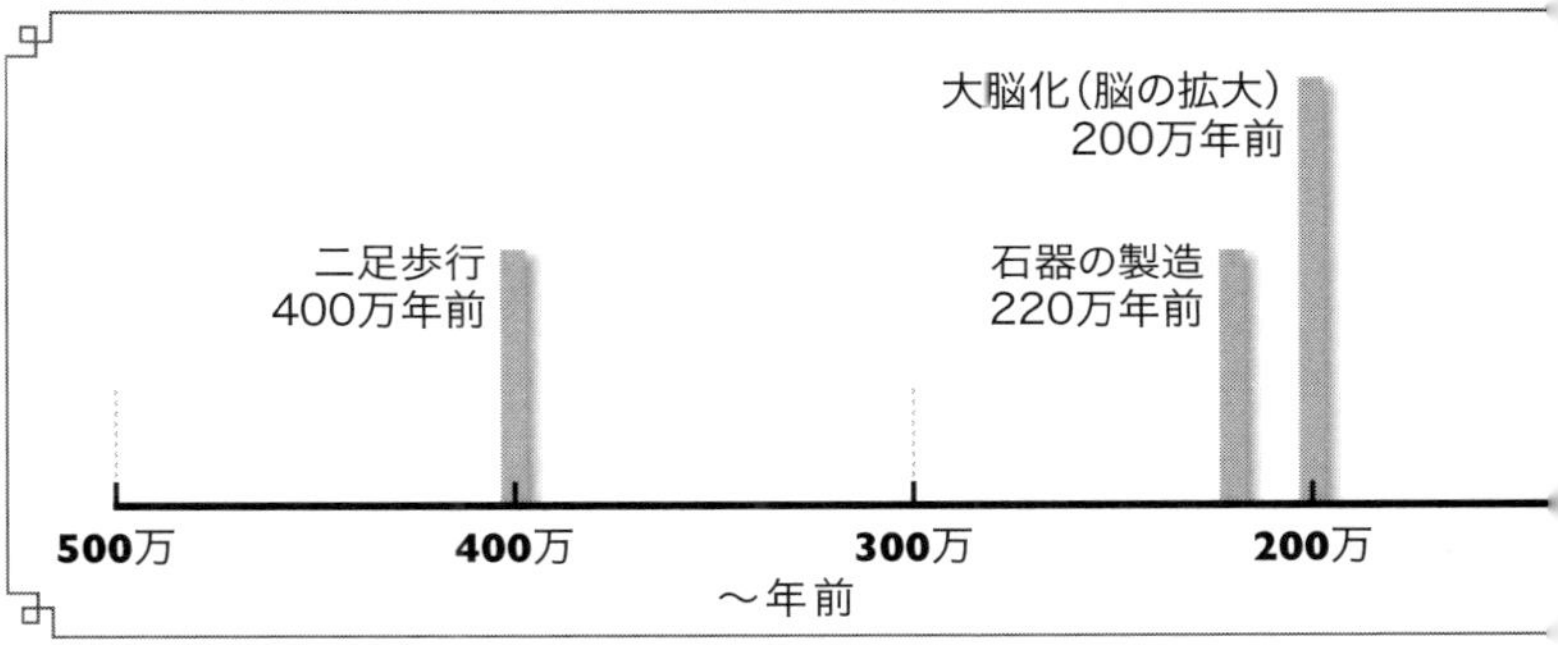

僕たちはネアンデルタール人の拠点である西ヨーロッパに進み、数千年のうちに彼らを絶滅へと追いやってしまったのだから。

それにしても、われわれはどうしてネアンデルタール人に勝ち抜くことができたのだろう？　抜群の知性を持っていた人間の脳に、言語が今日のように統語的かつ近代的に発展していくのと平行して成長を遂げたらしい。これによって僕たちは、現生人類の最終進化段階にたどり着く。シェイクスピアのソネットのような流暢さはなかったとしても、初期人類は発話に必要な身体的能力を持ち、実際それを行っていたのだろう——ただ、賞賛に値するような言葉を発する脳内回路を備えていたかと言えば、そうではない。彼らの話し言葉はチンパンジーと同じで、「そこ、行く」、「今、食べる」といった単純なメッセージに限られていたようだ。ネアンデルタール人から見つかった舌骨（下顎と咽頭の間にあるU字形をした骨）は、発話可能な喉の構造を証明してはいるものの、その他の文化的特性（ネアンデルタール人の基本的な生活用具が一〇〇万年間変化していないことなど）から、筋骨たくましい僕たちの親戚が多くを語らなかった事実がうかがえる。

話し言葉は人間が持つより大きな特徴の一部で、五万年くらい前に発生したというのが人類学者の見解だ。生物地理学者のジャレド・ダイアモンドは、著書『人間はどこまでチンパンジーか？』（新曜社刊）の中で、後期旧石器時代の変化を「大躍進」と呼んでいるが、これは解剖学的進化に対する知力の飛躍を表している。最終氷期の困難に直面した五万年前の先祖たちは、厳しい熱帯環境の中、減りゆく食料資源を開拓するための改善策をひねりだす必要に迫られたことだろう。遺伝子データは、この当時の人口規模が二〇〇〇人まで低下したことを示唆しており、考古学的資料も同様の希薄さを見せている。しかしこの危機からの復活劇は、上昇志向を常としてきた人類の長き歴史上、空前の文化的変化を意味していると言えるだろう。

過去を再現し未来を語るためには、発話もさることながらストーリーの構築が必要となる。僕たちの世界観は、どうやらものを語ることによって形成されているようだ。「ジョンは浜辺から家へ歩いて行った」という簡単な文章は、場所、順序（浜辺が先で家が後）、行動様式（歩いて）など、僕たちが知りたい情報を満載している。ジョンがまだ家にいる可能性すら示しており、今彼の居場所を知りたければ、この単純な一文に大ヒントが隠されていることになる。二語文ですべてを伝えようとすれば、さまざまな紛らわしい組み合わせにやがて行き詰まってしまうことだろう。「ジョン、浜辺」、「ジョン、家」、「ジョン、歩く」、「浜辺、家」。何のことやらさっぱり分からない。だからこそ統語法やそれがもたらす特有の物語構成は、複雑な事象を説明するのに最適な適応法なのだ（電話番号を携帯電話に登録する方法を、二語文で説明しているところを想像してみるといい）。

五万年前の枯れた草原で、どこに貯蔵根や果実があり、どのようにして獲物を仕留めるかといった込み入った事情を説明する新しい能力は、僕たちの祖先に多大な利益をもたらしたことだろう。この素晴らしい進歩から、重度の内科的疾患がない限り、現代人は誰でも言語能力を備えるようになった。その多様性は驚くべきもので、今日世界中には六〇〇〇種もの言葉が飛び交っている。それらはすべて複雑な意思を伝える統語法に依存しており、あなたが今読んでいる言語も、統語法が五万年前にためらいがちに踏み出した第一歩からじかに続いているものなのだ。こうした初期の進歩は、減りつづける人口を窮地の底から救っただけではなく、人類の活動範囲をアフリカから居住可能な六大州すべてに広げ、繁栄の一途をたどらせたと考えられる。

このような人類の拡大は、脳機能が飛躍的に進化してからさほど時を経ずして起こった。南アジアやオーストラリアに人々が押し寄せた直後、アフリカを脱出して中東経由の移動をした別の集団が北半球の大部分を制した。かと思えば、ジュリアスの祖先のようにアフリカにとどまった人々もいた。一見ばらばらなようだが、複雑で完全に近代化した人間的行動は、すべての枝を結び付ける要素となっている。僕らはみな、現代人と同じ外見・行動・思考を最初に身につけた素晴らしい先人たちの子孫なのだ。次なる旅の目的地では、遺伝学を用いて彼らが何者なのか、そしてアフリカのどこに住んでいたのかを探っていこう。

ジュリアスの鑑定

ジュリアスがＤＮＡ鑑定を承諾してくれたのは、科学がどうやって遠い祖先のことを教えてくれるのかという好奇心からだった。多くの先住民と同じように、彼も一族の起源地をはっきりと認識していた。彼らはいつも故郷を離れず、バオバブの木、動物、湖、そしてアフリカのサバンナに優しい巨人のごとく出現するンゴロンゴロ・クレーターとともに暮らしてきたのだという。牛飼いのマサイ族――五〇〇〇年前ごろこの地域に現れた比較的新しい来訪者――がやって来て、かつての狩り場からハザ族を追い出したこともあったが、基本的に彼らはもと居た場所と同じ地域で生活を続けてきた。

彼のＤＮＡを調査することによって明らかにになる事柄を説明すると、ジュリアスは四〇歳そこそこ（誕生日は本人にも定かでない）とは思えない見識の豊かさで、すべてに理解を示してくれた。自らが有するある種の「エッセンス」が、両親や祖父母、同じハザ族の仲間たち、そして世界のほかの地域に住む人々をも結び付けるのだと悟った彼は、鑑定結果を知りたがった。おそらくそれ以上に重要だったのが、近代社会の侵入によって従来の生活様式の存続が危ぶまれている彼らの物語を、世界中に伝えてほしいと願ったことだ。

僕たちは彼の頬の内側からサンプルを採取し、鑑定のために研究室へ持ち帰った。遺伝子マーカーから明らかになったのは、ジュリアスの祖先がアフリカにとても長い期間――実に現生人類最初期の時代から暮らしていたということだ。Y染色体に見つかったM60という遺伝子マーカーは、彼をハプログループBの一員に位置づけた。このグループはY染色体系統樹における最も古い枝の一つで、約六万年前、最終氷期初期の厳しい時代に分岐したことが分かっている。

鑑定結果は、二〇〇五年四月にナショナル ジオグラフィック社で発表された。ジュリアスはプロジェクト発足記念イベントで、一族の物語をみなと共有できたことを幸せに思った。僕もまた、ハザ族の由来について彼が教えてくれたとおりの結果――彼らが、現在住んでいるのと同じ場所、おそらく東アフリカに生きつづけてきたということ――を伝えることができて嬉しかった。この古代系統が持つ起源や頻度分布については、これから数年間に及ぶプロジェクトの進展とともに、より深く突き詰めていくことができるだろう。人類最初期の時代を詳細に解き明かす共通の旅路において、この結果は科学者である僕と、系統の「保持者」であるジュリアスとを結び付けてくれた。彼の一族も同じ系統を持っているという事実は、一族のDNAに最古の祖先が垣間見られることを意味する。この科学的な取り組みに協力することで、ジュリアスは僕たち全員にとてつもない貢献をしてくれたのだ。

数日後、ジュリアスとフィル・ブルーハウスと僕は、ニューヨークで夕食をともにした。そして、ジュリアスにこの街の感想を聞いてみた。「せわしないところだね――みんないつも急いでるみたいだ」、という返答に僕は吹き出し、よく分かりますよと答えた。数カ月前にタンザニアのハザ族を訪ねた僕は、故郷に帰ってきたような感覚にとらわれたものだ。近代化の波に直面しながらも、彼らの暮らしには平穏な空気が漂っていた。狩猟採集民の生き方は、会社勤めや交通網や都会の孤独にまみれた僕たちの狂気じみた世界に比べ、なんと自然だったことだろう。ニューヨーク滞在の最終日に訪れたシェイ・スタジアムでは、運営側が電光掲示板にジュリアスの名前を表示して歓迎の意を表した。僕たちが遺伝学上の最重要人物にしてあげられたのは、そんなことくらいだったのだ。

ジュリアスが属するハプログループBの分布について言えるのは、主に中部及び東アフリカに存在するということ、そしてハザ族以外に、中部アフリカの森林に住むピグミー族の間でも一般的だということだ。ただしY染色体の系統樹において最古の系統ではなく（図3）、その名誉は南部アフリカのサン族ほか、エチオピアやスーダンでも見られるハプログループAに譲ることになる。

興味深いことに、カラハリ砂漠のサン族も、ハザ族と同じように舌打ち交じりの言葉を話す。この共通の特徴から、吸着音言語の話者はいったん東アフリカ中に広がったが、より大規模なアフリカ語族が広がることによって、現在の分布状況へ追いやられたと示唆する言語学者もい

図3　すべての男性の遺伝系統は、Y染色体系統樹の一枝に分類される。
古代の人口移動、遺伝的浮動、ボトルネック効果（人口の激減）により、
初期の枝は地理的な特異性を示している。

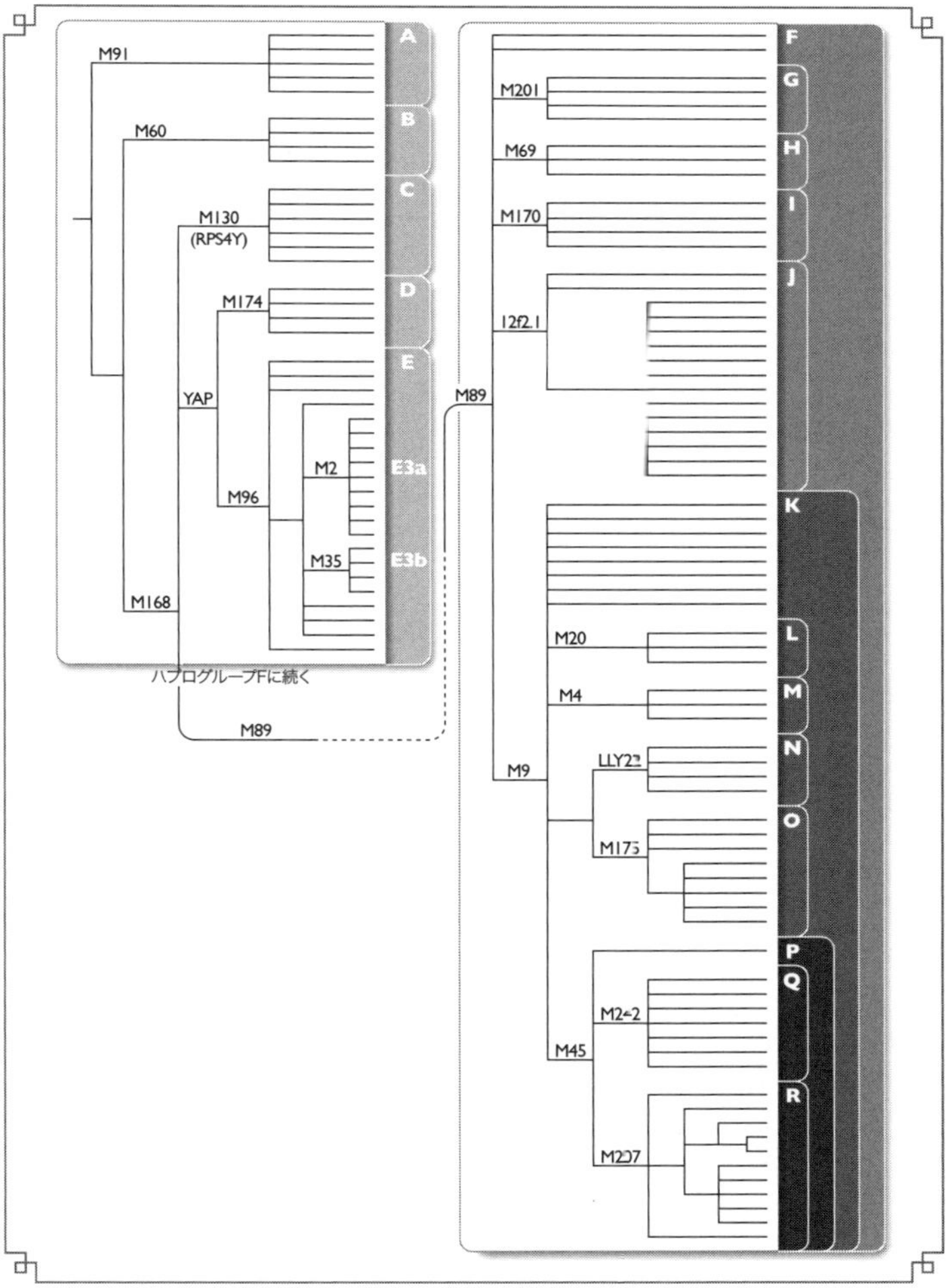

る。中でも最も影響力があったのは、おそらくアフリカ中西部、現在のカメルーンやナイジェリア南東部周辺に起源を持つバンツー語族の拡大である。バンツー語話者は、過去二五〇〇年をかけて東方・南方に移動していった。農耕技術が人口増加を招いたほか、鉄器製造の腕前が追い風となったのだろう。彼らがアフリカのほかの地域に流入してきたことにより、吸着音言語を話す先住狩猟採集民族はその座を奪われてしまったらしい。化石記録は、現在のサン族に似た容姿の人々が、一万年前には遥か北のエチオピアに住んでいたことを示しており、今日の分布状況が一度は広範囲だったものの名残だということが判明される。

バンツー語族の拡大に付き物なのが、ハプログループE３ａの存在だ。E３ａはE３ｂと密接な関係を持ち、両者はＹＡＰ（Ｙ染色体上のＡｌｕ配列挿入多型）という共通の遺伝子マーカーによって結び付いている。Ａｌｕ因子とはＤＮＡの短い配列（約三〇〇塩基対の長さ）で、過去六五〇〇万年の間に一種のウィルス増殖プロセスとして哺乳類のゲノムの数百万カ所という無作為領域に現れた。Ａｌｕ配列はヒトゲノムの一一パーセントを構成し、いわゆる「ジャンクＤＮＡ」の大部分を占めている。ジャンクＤＮＡの機能はいまだ不明だが、害のない遺伝子パックとして代々受け継がれていることは確かだ。ハプログループEを特徴付けるＹＡＰは、およそ五万年前にアフリカで生まれた男性のＹ染色体に発生した。さらなる突然変異マーカーＭ９６を持った彼の子孫はその後アフリカを離れ、現在見られるE３ｂの分布を形成することになる。そのほかはそこにとどまり、E３ａの特徴となるＭ２というＹ染色体変異マーカーを蓄積した。今日E3aに属する人々はアフリカの至るところで見られるが、系統の年代と分布から、アフリカ中西部を起源とするバンツー語族の集団が過去二五〇〇年の間に拡散したものと考えられる。

図4を見ると、AとE3aの系統が、多くのアフリカ人集団で高頻度を示していることが分かる。Aがアフリカの北東部及び南西部で最も一般的なのに対し、E3aはほとんどの集団、特にバンツー語群のグループにおいて高い頻度で見られる。三番目に主要な系統はハプログループBで、アフリカ全域に分布している。たぶん、現生人類が最初に大陸を占有したころに広がっていったのだろう。

言語の化石

東アフリカに住んでいたサン族らしき人々が、吸着音言語を話していたのかどうかは定かでない——書くという概念が存在しなかったことから、言語は化石になり得なかったのだ。しかし、ハザ族と南部アフリカのサン族に関する最近の遺伝子研究により、この二つの民族が大昔に分離した形跡が見いだされている。スタンフォード大学のアレック・ナイトとジョアンナ・マウンテン率いるこの研究報告の執筆者たちは、サン族とハザ族がまったく異なる系統に特徴付けられていることを発見した。どちらもバンツー語族との度重なる接触に伴いE3aを高頻

図4　アフリカの主要Y染色体ハプログループA、B、E3aの頻度分布図

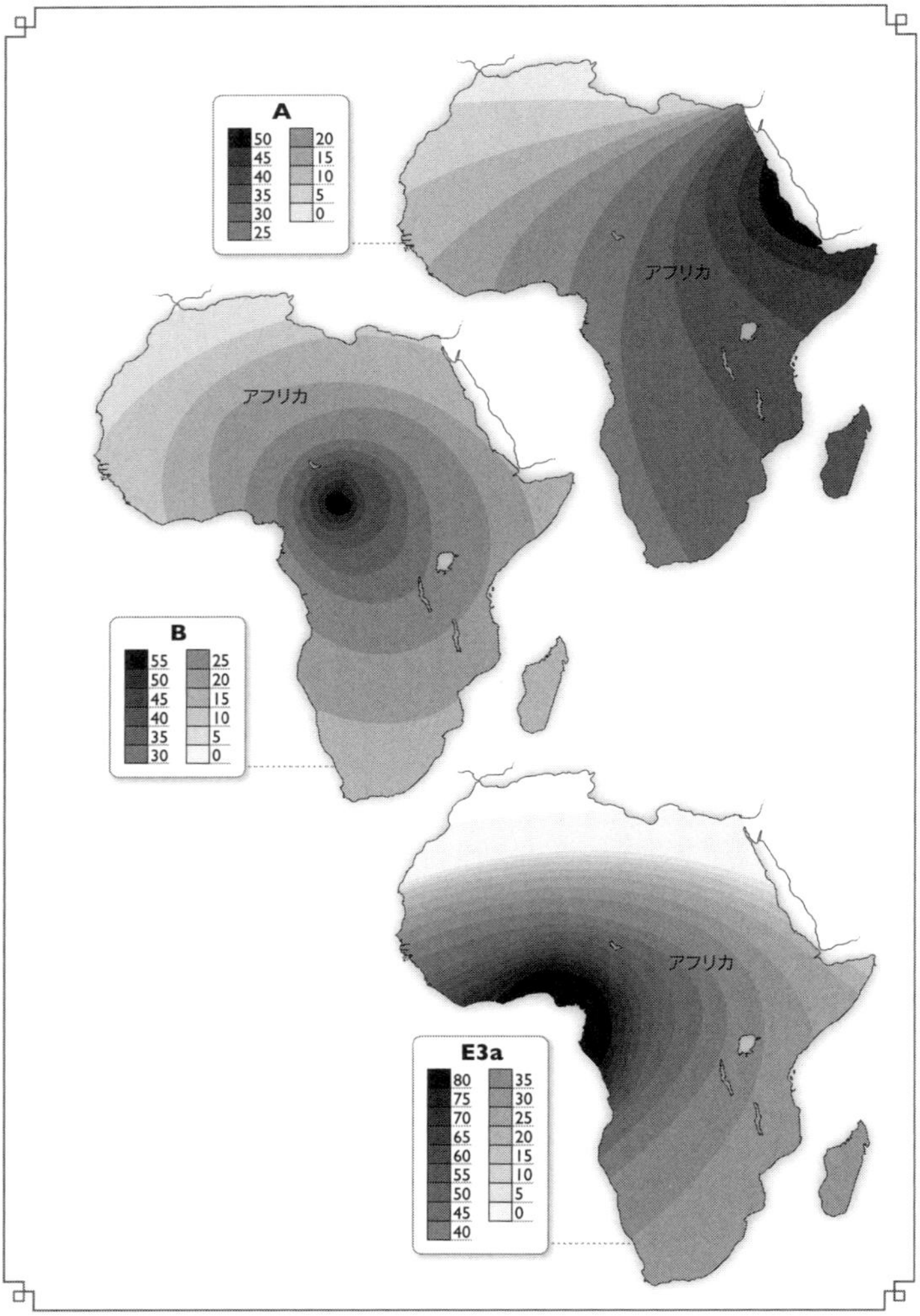

度で保持しているが、より多くを解き明かしてくれるのは、もっと昔に分岐した系統樹の枝である。ジュリアスの例に見られるように、ハプログループBがハザ族の圧倒的多数を占める一方、サン族のY染色体系統は主にハプログループAに属している。

もちろん、ハザ族とサン族のY染色体系統の違いは、何千年にも及ぶ遺伝的浮動に起因しているとも考えられる。そうした理由から、ナイトとマウンテンは両グループのｍｔＤＮＡパターンの調査も行った。その結果、両族はまったく異なるｍｔＤＮＡ系統――実に、双方とも世界最古の系統を持っていることが明らかになったのだ。

Y染色体の系統樹はAとBの間で最初の枝分かれを見せている――言い換えれば、この二つのハプログループはほかよりも長きにわたって多様性を蓄積してきた。ｍｔＤＮＡの系統樹も、それと同じようなパターンを示している（図5）。マクロハプログループMとNをたどると、L3系統を持つユーラシアのイブに行き当たったことを思い出してほしい。Lには、L0・L1・L2系統というさらなる多様性があることが判明している。L0とL1は一〇万年以上前に分岐したｍｔＤＮＡ系統樹の最も古い枝で、L1／L0として一まとめにされることが多い。L2はそれよりもやや新しく、過去八万年以内に発生したようだ。どれも現在のところアフリカの集団のみに見られ、ともにY染色体系統A・Bとの対を成している。

ハザ族とサン族のｍｔＤＮＡを比較したナイトとマウンテンは、そこにY染色体データと同じパターンを見いだした。二つの集団はとても古いというだけでなく、互いに異なる系統

図5　mtDNAの系統樹

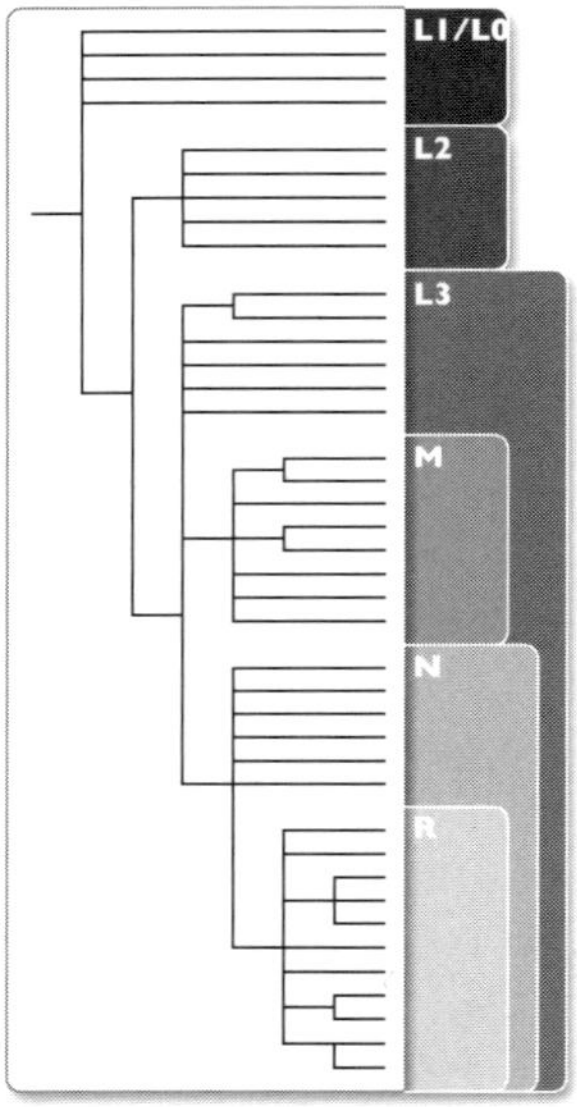

系統は大きく6つに分類され、それぞれが各個人の母系祖先の故郷を表していると思われる。

を持っていたのだ。サン族はL1／L0系統を高頻度で保持するが、ハザ族にその系統は見当たらなかった——主にハプログループL2に属していたからだ（図6）。Y染色体とmtDNAの調査結果の類似性は特筆すべきもので、それはともに以前はつながりのあったハザ族・サン族の吸着音言語話者が後々分離したことだけでなく、枝を分かってから何万年もの間現在と同じ場所に住みつづけてきたことを示唆している。つまり、彼らの共通言語もやはりバンツー語族の拡大以前に発生し、それから何万年もの時を経ている可能

図6　アフリカの主要ｍｔＤＮＡハプログループ、Ｌ１／Ｌ０、Ｌ２、Ｌ３の頻度分布図

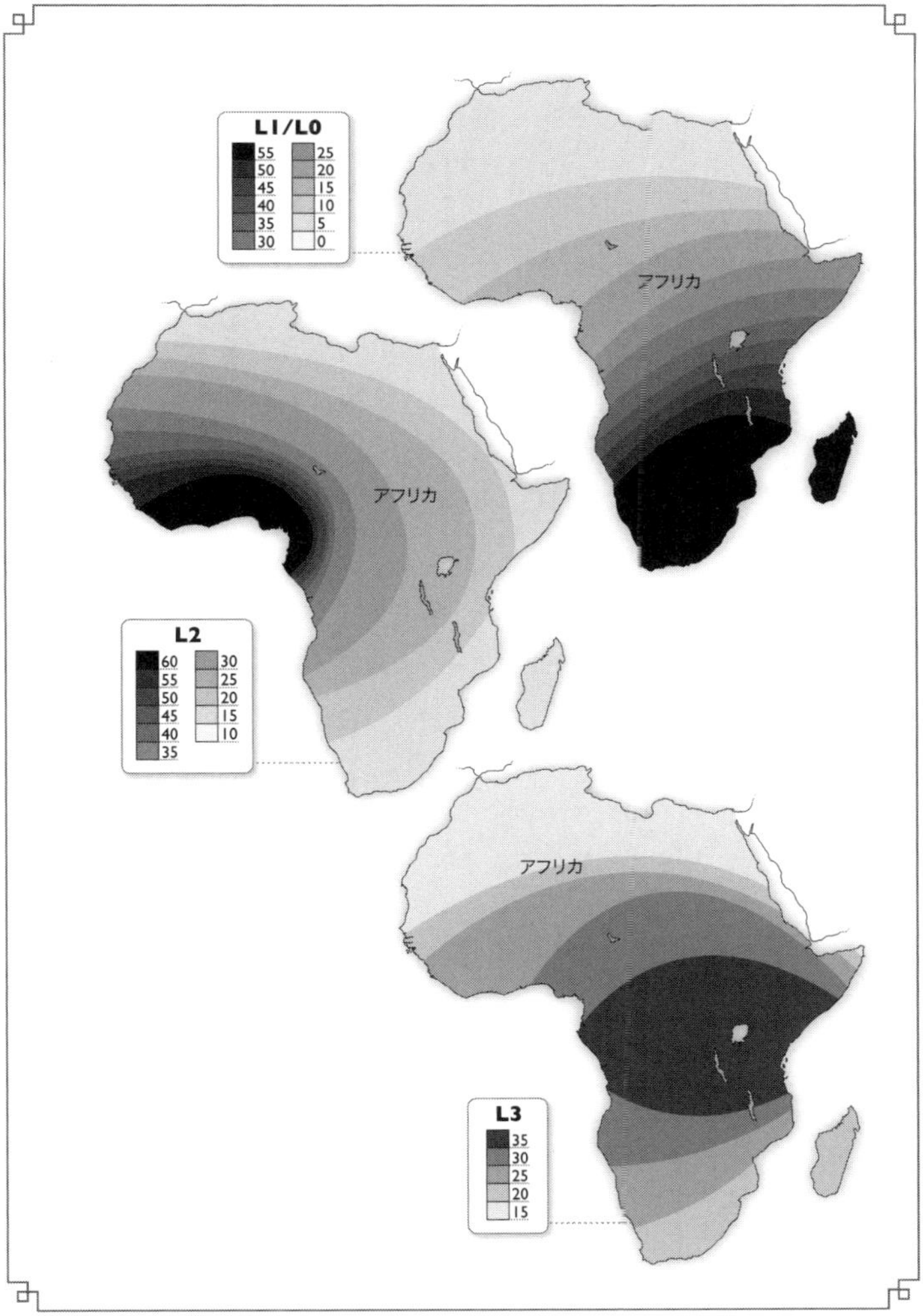

性をほのめかしているのだ。Ｙ染色体・ｍｔＤＮＡ各系統が分岐したと推定される年代から、二つの集団、そして彼らの言語は、五万年以上前に誕生したと考えることができる。

遺伝子データはこの語族の年代を、人類の行動が目に見えて近代化しはじめた後期旧石器時代の初めごろに定めている。吸着音言語がサン族とハザ族の祖先によって初めて使われたのだとしたら、それは初期言語の中でも最初期のものだと言えるだろう。つまりＤＮＡは、僕たちの始祖がどのようにコミュニケーションを図っていたのかを教えてくれる手立てとなったのだ。ということは、彼らの外見を知る手掛かりも、ＤＮＡは与えてくれるのだろうか？

対面のとき

遺伝学的に見て、アフリカは世界一多様性に富んだ大陸である。同じ村に住む二人のアフリカ人からサンプルを抽出して、Ｙ染色体またはｍｔＤＮＡの系統を比較すると、非アフリカ人と比べるよりも異なっていることがある。多様性は外見にも及び、地域によってさまざまな違いを見せ付ける。北米やヨーロッパに住む人々がアフリカ人と聞いて思い浮かべるのは、主に彼らが接することのある集団、とりわけ奴隷貿易の時代にアフリカ中西部からやって来た人々の容貌である。バンツー諸語を話す彼らは、確かにアフリカ人集団の外見に大きな影響を及ぼし、遺伝的遺産を今や言語の影響と同じくらい広範囲に広げている。しかしアフリカには、図

7が示すように、遥かにバラエティに富んだ外見の人々が住んでいるのだ。そこには地球上で一番背の高い民族（マサイ族）と一番背の低い民族（ピグミー族）が混在している。顔の特徴も同じようにさまざまだ。西アフリカ人の肉付きの良い顔立ちは、サン族の割合すらりとした顔立ちとは対照的だ。またサン族が持つ蒙古襞《もうこひだ》——上まぶたの内側から目頭の部分を覆う膜状の皮膚——は、ほかのアフリカ人集団には見られない（蒙古襞は東アジア人の特徴でもある）。肌の色も極めて変化に富み、西アフリカ人がかなりの暗褐色なのに対し、サン族は色が薄い。全体に共通する主な特徴として、ヨーロッパ人のような北半球地方の人々に比べれば、アフリカ人は通常皮膚の色が黒いということだ。

人種を決定する特徴として、肌の色についてはいろいろな言及がされている。とは言っても、人間の差異のほとんどは同じ集団内の個人に存在し、人種間に見られる違いは一〇パーセントにも満たない。要するに、見た目にだまされる以上に、僕たちはみな皮膚の下では似た者同士なのだ。人間の外見がこんなにも違うのは、さまざまな遺伝子変異体が存続してきた結果だと思われる。肌の色はおそらく、五万年に及ぶ強力な選択作用を受けてきたのだ。ヨーロッパ人の皮膚が白いのは、故郷アフリカから遠く離れた地に住み、そこでの気候に影響されたせいだろう。

アフリカは世界一の熱帯大陸で、その大部分が北回帰線と南回帰線の間に挟まれている。熱帯地方で休暇を過ごした人なら誰しも、猛烈な太陽光線でひどい日焼けをしたことがあるはず

図7　地球上で最も遺伝的多様性に富むアフリカ人集団
（左上）西アフリカのバンツー族　（右上）東アフリカのマサイ族
（左下）南部アフリカのサン族　（右下）中部アフリカのピグミー族

だ。アフリカ人や、南インド・メラネシアのような熱帯地方に住む人々の黒い皮膚は、強烈な日差しに適応した結果と言えるだろう。人間は比較的体毛の少ない種なので、体表面のほとんどが日差しにさらされてしまう。肌の色を濃くするメラニンは天然の炎症防止成分であり、人類は熱帯地方で進化したことから、大昔の祖先は日光から身を守るために黒い皮膚をしていたものと考えられる。日焼けが痛みと衰弱をもたらすのはさることながら、熱帯の太陽光に白い肌を長くさらすと、皮膚がんを招く可能性がある。また、多量の紫外線は皮膚深層部に浸透して葉酸を破壊し、貧血や（胎児の）神経管欠損症を引き起こすこともある。熱帯地方に住んでいた初期人類が黒っぽい皮膚をしていたのは、十分理にかなっていたというわけだ。これと合致するように、色素決定に関与する主要遺伝子はメラノコルチン1受容体（ＭＣ１Ｒ）と呼ばれ、その祖先型には肌の色を濃くする働きがある。

熱帯地方を離れ、紫外線がずっと弱い地域に移動しはじめた人々は、ＭＣ１Ｒ遺伝子の祖先型を維持するのに必要な淘汰圧から解き放たれた。ところがさらに北へ進むと淘汰は逆の圧力をかけてきた。というのも、ビタミンＤを合成するためには、紫外線を皮膚へ取り込まなくてはならないからだ。ビタミンＤは体内における必須ビタミンで、食事で補うか日光を浴びることによって合成を促さなくてはならない。黒い皮膚などが原因となってビタミンＤの摂取が損なわれると、子供たちはくる病の犠牲になることがあり、乳幼児がこの恐ろしい病気にかかると、カルシウムの吸収が低下し、長骨が湾曲してしまう。

皮膚に紫外線をより多く浸透させる必要性が、ＭＣ１Ｒに突然変異をもたらし、薄い肌の色を発生させたのかもしれない。ＭＣ１Ｒの機能が欠損するパターンもいくつかあるし、肌の色をさまざまな度合いで薄くするたくさんの異なる突然変異も存在する。しかしすべては、僕たちの祖先が寒い北の地へ移動している間に働いた力のようだ。

この素晴らしい適応能力が、なぜ人種差別的思想に不可欠な要素となったのだろう？　どうして白い肌のヨーロッパ人は、黒い肌を持つ熱帯地方の人々に優越感を抱くようになったのだろうか？　それはおそらく、過去二〇〇〇年に及ぶ緯度と経済発展レベルの一般的な相関関係が原因だと思われる。ジャレド・ダイアモンドが著書『銃・病原菌・鉄』〔草思社刊〕の中で論じているように、熱帯地方の人々はユーラシア人よりも貧しい傾向にあり、中でもアフリカ人は最貧困層にあった。氷河期におけるさまざまな気候への適応は、精神的・文化的優位性と結び付いてしまったが、この二つの事象には地理以外に何の関係もありはしない。やはり、人種を区別する肌の色の違いは、文字どおり皮一枚でしかないのだ。

アフリカ人が五万年間濃い色の皮膚を保ちつづけてきたのだとしたら、僕たちの遠い祖先も必然的に色が黒かったはずだ。彼らはまた、現存するアフリカの狩猟採集民族と同じくらいの背丈（平均して一七〇センチほど）でやせ型だっただろう。なぜなら、ユーラシア大陸にいたネアンデルタール人のずんぐりとした体格は気候への生物学的適応で、何十万年にも及ぶ進化の結果だからだ。現生人類がユーラシア北部へ分け入ったのはそれに比べて最近のことだから、彼らはアフリカから持ち込んだ体型に合わせて文化的に順応するしかなかった。ともかく基本的には、五万年前の人類最初期の祖先は、現代アフリカ人によく似ていたと言えるだろう。

長い待ち時間

ＤＮＡから人類最古の祖先を探ってきた僕たちは、今旅路の果てにたどり着こうとしている。現在生きているすべての人間はいずれかのハプログループに該当する。同じような移動を経て現居住地に到達した人々は、Ｙ染色体やｍｔＤＮＡで結び付いている。しかし、図３と図５に見られる系統樹の根底《ルーツ》はどうなっているのだろうか？　二つのルーツは実際に何を表し、彼らはいつごろ存在していたのだろう？

組み換えの作用でシャッフルされていないＤＮＡ断片は、過去の世代をたどる手段となる。今日そうした六五億のｍｔＤＮＡと、約半数のＹ染色体が存在し、そのすべてが例外なくたった一つのルーツへとさかのぼる。これは合着点と呼ばれ、組み換えられていないＤＮＡ配列のサンプルからは、必ず過去の一時点でたった一人の祖先が見つかるはずなのだ。

これはＤＮＡ配列の進化において統計的に確実である一方、本書の内容とも確かに共鳴している。なぜなら、合着点はそのＤＮＡを保持していた一人の人間を表しているからだ――突然変異によってのみ修正され得るｍｔＤＮＡを、世界中を移動する子孫たちに受け継がせた一人の女性。同じくY染色体の合着点を象徴し、ほかの人類と同じように生まれて死んでいった一人の男性。われわれと同じ本質を持つ人間、人類最初期の祖先の姿を、僕たちはDNAの中に見いだすことができるのだ。

先に発見されたmtDNAのルートは、人類の母という役どころから「イブ」と命名された。カリフォルニア大学バークリー校のレベッカ・キャンら研究チームが一九八七年に初めてこの始祖について述べた画期的な論文は、すぐさま世間の話題をさらった。中でも有名なのは『ニューズウィーク』に掲載された記事で、その表紙はアフリカ人らしき外見をした男女がリンゴを持って知恵の木の下に立ち、二人を物知り顔のヘビが見ているというものだった。

聖書に描かれるアダムとイブの物語とのあからさまな比較をよそに、この研究は多くの人々に驚きを与えた。そもそもキャンのチームは、アフリカに起源を見つけることを目的としていたわけではなかったのだ。古人類学の分野では、人骨や生活用具など、全現生人類とアフリカとの直接的な結び付きをもたらすたくさんの証拠があった。しかし遺伝学——一見無関係な大量データの蓄積に基づく科学——がDNA鑑定を根拠にたどり着いた結論は、人類学界の面々を含むたくさんの人たちを驚愕させた。だが本当の衝撃は、その年代だった。

キャンの研究チームによれば、イブが生きていたのは二〇万年以内で、現生人類の集団に見られるすべての多様性——皮膚の色、髪質、骨格の違い——はそれ以降に生じたという。人類学の分野には、このような身体的差異が発生した年代を測る手立てが特になかったので、多くの人類学者は二〇万年以上前の出来事だと信じていた。第一章を思い出していただければ、カールトン・クーンは、現生人類がヒト科の祖先から一〇〇万年ほどの時をかけて進化したと提言している。キャンは多様化に充てられたこの時間をごくわずかまで短縮し、僕たちの共通する曾々……祖母が、憶測よりもずっと遅い時期にアフリカで生活していたことをほのめかした。ダーウィンが、全人類は猿のような祖先をたぶん何百万年も前からアフリカに共有していたと論じていたことから、それまで誰もキャンら「若手急進派」遺伝学者たちのように大胆な主張をしようとは思いつかなかったのだろう。

バークリー研究チームの発見をどう解釈するかという議論は当面の間続き、「アフリカのイブ説」に対する非難が相次いだ（当時、アジアを起源とする説も同様に持ち上がっていた）。しかし二〇〇〇年に発表された別の論文によってようやく追認され、推定年代も約一七万年前に狭められた。ミトコンドリア・イブは、アフリカ人だったのだ。

そこで遺伝学の分野は、ほかのＤＮＡに目を向けはじめた。ヒト遺伝子は、より多様なパターンが存在するアフリカ大陸に人類の起源を示しつづけたが、本当の期待はＹ染色体にかかっていた。もしもアフリカのアダムを探しだすことができたなら、伴侶となるイブの起源説は真実だということになる。しかしアダムの捜索は難航を極めた。ｍｔＤＮＡが人類の多様性を調査するのに真っ先に用いられた理由は、それが割に扱いやすかったからだ。今やＤＮＡ配列解析は単純な作業で、高校生が生物の実験で行うほどだ。だが忘れがちなのは、ＤＮＡ配列決定法の発明者たちが、一九八〇年にノーベル賞を受賞した事実である。その当時塩基配列の解析に用いていたのは、何日にも及ぶ単調な生化学的検討や放射線照射を伴う、手間暇のかかる手法だった。そうした理由から研究者たちは、たくさんの多型、もしくは遺伝子マーカーが発生するゲノム領域に注目したのだった。

Y染色体の問題は、あまり個人差が見られない点にあった。一九九〇年代前半——塩基配列決定が若干容易になったころ——世界の多様性を知るために選んだ三八名の男性には、まったく差異が見つからなかった。とはいえ、彼らが調査した領域は全長七二九ヌクレオチドと比較的短めだったのだ。DNA配列決定を高速度で行う新技術が考案されるまで、遺伝学の分野はお預けを食うことになる。

その方法は、一九九〇年代半ばに登場した。当時、スタンフォード大学のカヴァッリ＝スフォルツァ研究室で調査をしていたピーター・エーフナーとピーター・アンダーヒルが、直接的な配列決定に頼らず変異を算定する新手法を発明したのだ。二人はこれを用いて新たなY染色体多型を数多く見つけ出した。ちょうど博士研究員としてその場にいた僕は、彼らの技術のきめ細かさに驚嘆し、ほかの仕事をなげうって研究に協力したものだった。だいたい、アダムを見つけるチャンスをふいにする者がいるだろうか？

イブの発見から一三年後の二〇〇〇年、アンダーヒル、エーフナー、そして僕を含む二一名は、人類共通の男系祖先に関する当時としては最も明確な見解を論文として発表した。当研究で構成した系統樹は、新たに集めたY染色体多型に基づいており、先に紹介したY染色体系統樹の基礎を形作った。これによって、僕たちが本書で探索してきた素晴らしい地理的分布が初めて示されるようになり、Y染色体上の共通祖先がごく最近――わずか六万年前に生きていたということまでもが明らかになったのだ。

この年代の若さは衝撃的だった。世界中に見られるすべてのY染色体多様性が、それだけ短い期間に発生したことになるのだから。さらに僕たちが驚いたのは、イブとの大きな年代のずれだった。イブが一七万年前、アダムが六万年前に生きていたとしたら、夫を待つ時間としては少々長すぎやしないだろうか。一七万年前、男たちはどこにいたのだろう?

イブと同年代に男系系統の合着点を見いだすことができないのは、初期人類の性行動に原因がある。多くの伝統的社会では、主に交配を行うのは数人の男性だった――首長や将軍がその例だ。子供を一人も授からない男性がいた一方で、普通以上に多くの子孫に恵まれた者もいた。これは「繁殖成功率の変化」と呼ばれ、女性よりも男性に多く起こる。というのも、女性の方が子供を持つ機会が均等だからだ。女性が順調にmtDNAを伝達していけば、一般的には、Y染色体系統よりもmtDNA系統が次世代に均等に伝わるチャンスは大きくなる。この特異な性行動は、Y染色体の「有効な」人口規模を縮小させる傾向を持つ。ほとんどの女性がmtDNAを伝達する反面、Y染色体を伝達するのはすべての男性ではないからだ。小さな集団では遺伝的浮動がさらに活発に働くので、Y染色体遺伝子プールにおける系統の構成はより急激に変化する。つまり時とともに、Ｙ染色体系統はｍｔＤＮＡ系統に比べて失われやすくなるのだ。この結果、もっと古いＹ系統は一七万年のうちに滅び、六万年前ごろにたった一つの系統が残ったということになる。

この年代差は重要な技術的問題ではあるが、僕たちの物語にとって一番重大な意味を持つのは、現生人類の起源がアフリカに定められたということだ。近い方の年代――Ｙ染色体系統樹の合着点――は、現生人類が六万年前にはまだアフリカに住んでいて、その後初めて大陸を離れ世界のほかの地域に移住したことを教えてくれる。世界中を旅する間に、今日僕たちを特徴付ける数え切れないほどの違い――色、大きさ、言葉、文化――が誕生した。計算するとたった二〇〇〇世代、進化という時の物差しではかるなら一瞬の出来事である。この年代は、先人たちの研究成果を理解するうえでも役立っている。レウォンティンは、人類はみな遺伝子レベルにおいて一つの大家族らしいということに気が付いた。僕たちが枝を分かちはじめたのがそんなに最近のことだとすれば、ちっとも不思議な話ではない。

遺伝子の糸を織りあげた人類多様性という複雑なタペストリーは、祖先の移動を通して僕たちをつなぎ合わせてくれる。このタペストリーの緻密《ちみつ》な模様を読み解くことこそ、ジェノグラフィック・プロジェクトの目標なのだ。僕たちが願うのは、人類が持つ素晴らしい多様性を尊重したうえで、世界中の人々を一つに結び付けるような最終結果を導くことである。それが成し遂げられたなら、このプロジェクトは有終の美を飾ることができるだろう。

第7章

エピローグ▼ジェノグラフィック・プロジェクトの今後

Epilogue

本書とともに科学という名の旅に繰り出した僕たちは、系統樹と歴史を通じて時の流れをさかのぼり、最初期の人類が住んでいた先史時代へと立ち戻った。道中では科学の基本概念を習得し、過去を知る手段としてのＤＮＡ利用法を学び、ついには現代に生きる全人類の曽々……祖父母に巡り合うことができた。それでは、次に待ち受けているものは何だろう？

この本が物語っているのは、現段階におけるジェノグラフィック・プロジェクトの概要に過ぎない。前著『アダムの旅』にも記したとおり、「森の姿は見えたかもしれないが、そこに生えている木のことはまだほとんど分かっていない」のだ。未発見の事柄が多いこの分野は、人類の物語を肉付けしていくための詳細をようやく見いだしはじめたところだ。ジェノグラフィック・プロジェクトは、その物語をさらに追求し、人類移動に関する知識を深めていくつもりである。しかしそのためには、これまで調査してきたよりもずっと多くのサンプルが必要になってくる。

本書の内容は一万件前後のサンプルに基づいて構成されているが、そこから得られるY染色体・mtDNAマーカーはほんの一握りだ。六五億の世界人口を考えれば、一万人分のサンプルが人類の多様性を調べるための代表になるとはとうてい思えない。そのうえ、調査対象となったほとんどのサンプルは、科学者がアクセスしやすい地域――北米、ヨーロッパ、東アジアからのものである。アフリカについては、アジア・オセアニア・南北アメリカの広範囲な地域同様、遺伝学的調査が極めて遅れている。語られるべき物語はたくさん残っているのに、それを正確に伝えるためにはやはりサンプルが必要だ。単に数を増やせばいいわけではない。歴史的な謎をひもとくためには、むしろ限定されたサンプル抽出が重要なのだ。

当プロジェクトが掲げる目標の壮大さたるや、アフリカにいた人類最古の祖先に関する疑問から、チンギスハンの君臨やアレクサンドロス大王の征服といった、比較的最近の出来事が遺伝的多様性に与えた影響に至るまで、実に幅広い。ジェノグラフィック・プロジェクトはまた、大型霊長類種としては珍しい人類のとてつもない外見の多様性について、少しでも理解を深めることを目的としている。自然淘汰、遺伝的浮動、そして性淘汰――配偶者にとって魅力的な特徴の選択――は、人類の外見形成に何らかの役割を果たしたのだろうか？

研究チーム

このような大規模プロジェクトは、専門チームの支援なくしては実現しない。科学界が定めた最高水準を固守する倫理的枠組みに支えられたジェノグラフィック・プロジェクトは、世界で最も優秀な集団遺伝学者たちを取りそろえている。

北米を代表するのは、ペンシルベニア大学のセオドア・シュア。彼はカナダ、アメリカ、メキシコ、カリブ海の少数民族に着目し、米大陸入植に関する謎を解明しようとしている。過去二〇年間にわたって両アメリカ大陸とシベリアにおける人類集団の研究に力を入れてきたセオドアの取り組みは、当プロジェクトにとって次のような疑問を解く助けとなるだろう。

＊米大陸に移動の波は何度押し寄せたのか？　また、最初期に西海岸を通って移動した集団は存在したのか？

＊ヨーロッパ人が数千年前に米大陸に移住したという可能性はあるのか？

＊アメリカ先住民の間で農耕が拡大した証拠は遺伝子に残されているのか？

＊すなわち、移動したのは農民か、それとも文化か？

ブラジル・ミナスジェイラス州立大学のファブリシオ・R・サントスは、ジェノグラフィック・プロジェクト・南アメリカ研究所で指揮を執っている。彼は南米大陸への初期の移住に注目し、そのとてつもない言語の多様性を解明しているところだ。これまで世界各地の集団を調査し、Y染色体とそれが示す人類の移動パターンに重点を置いてきた彼の研究によって、南米の歴史上多くの未解決問題に光が当てられることだろう。

* 南米大陸への太平洋からの移動はあったのか?
* インカ帝国は、南米北西部に遺伝的影響を与えたのか?
* 南米先住民に見られる驚くべき言語の多様性について、どのような説明ができるか? 各集団は長期にわたって分離していたのか?
* 今日の混合集団から、カリブ海のアラワック族のように絶滅した民族の遺伝子シグナルを見つけることは可能なのか?

ポンペウ・ファブラ大学(スペイン・バルセロナ)のハウメ・ベルトランプティとデヴィッド・コマス、そしてパスツール研究所(フランス・パリ)のルイス・キンタナ＝ムルシは、ヨーロッパ人集団の遺伝的差異に焦点を当てている。すでに大規模に達しているこの地域のサンプルを活用し、ヨーロッパ史における詳細な疑問に答えを出す試みだ。

＊後期旧石器時代のヨーロッパで、現生人類とネアンデルタール人の交配はあったのか？
＊現生人類はヨーロッパへどのような経路をたどって移動したのか？
＊紀元前第一千年紀の中ごろに拡大したケルト人は、遺伝の足跡を残しているのか？
＊過去二〇〇〇年間の歴史的移動――ノルマン人のシチリア征服や、東ヨーロッパにおけるフィン＝ウゴル諸語の拡大――の痕跡を、今日のヨーロッパ人集団に見いだすことはできるか？

レバノンにあるベイルート・アメリカ大学のピエール・A・ザルアは、中東や北アフリカでのサンプル抽出を行っている。ここは新石器革命の発祥地で歴史上数々の大帝国誕生の地でもある。ピエールはこの一〇年間、レバノン国内の遺伝子構造を理解することに多くの時間を費やしてきたが、中東や北アフリカの歴史に関する次のような幅広い疑問に、鋭い目を向けはじめた。

＊歴史に残る帝国支配は、征服された地域の遺伝子分布に影響を及ぼしたのか？
＊たとえばアレクサンドロス大王の軍隊は、何らかの遺伝的手掛かりを残していったのか？
＊アラビア語やヘブライ語を含むアフロ＝アジア語族の起源地は？

＊北アフリカに先住していたのは誰なのか？　ベルベル人はその直系の子孫にあたるのか？
＊サハラ砂漠では遺伝子交換がどの程度生じたのか？

南アフリカ共和国のヨハネスブルクからは、ウィットウォーターズランド大学のヒムラ・スーディアルが、世界一の遺伝的多様性を誇るサハラ以南のアフリカでのサンプル抽出に挑んでいる。さまざまな疑問の中でも、彼女は次の問題解決を願っている。

＊最古の遺伝系統を持ち、現生人類の地理的起源を示していると思われるのは、アフリカのどの集団なのか？
＊ヨーロッパの植民地主義は、アフリカの遺伝子パターンにどのような影響を与えたのか？
＊遺伝子パターンからバンツー族の起源や、彼らがアフリカに広がっていった経緯をたどることは可能なのか？
＊アフリカの各集団では牛の家畜化が進められていたのか？　またそれによって人口が拡大した可能性は？

マドゥライ・カーマラージャル大学のラマサミー・ピッチャパンは、当プロジェクトのインド研究所を率いている。インドはアフリカ以外では人類が最も古くから住みつづけている場所だ。四〇〇余りの言語と複雑な社会制度から、サンプル抽出作業は大いなる挑戦となるだろう。

* ドラヴィダ語話者の起源はどこにあるのか？　彼らはインド人の始祖なのか？
* インドのカースト制度は、遺伝子パターン決定にどんな役割を果たしたのか？
* インド=ヨーロッパ語族の発生地は？　この語族がヨーロッパとアジアに普及する前には、どんな言語が使われていたのか？

ロシア医学アカデミーのエレナ・バラノフスカが研究対象としているのは、一〇の時間帯《タイムゾーン》を持つ一帯だ。フィンランド北側の国境から中央アジアを通り抜け、ベーリング海峡に至るその地帯は、信じ難いほど多くの民族と言語グループが入り交じる旧ソ連の大部分と、全アジア大陸を網羅している。

* 現生人類が初めて北極圏に入植した場所と年代は？
* カフカス地方の先住民は誰なのか？　そこにとてつもない言語の多様性があるのはなぜか？
* シルクロードが遺伝系統の拡散に果たした役割は？

当プロジェクト東アジア研究所の主任リー・ジンは、上海の復旦大学を拠点に、中国からニューギニアにかけてのサンプル抽出を行っている。彼は中国国内の集団についてすでに綿密な調査を行っており、オーストラリア、ポリネシア、そして可能性としては南北アメリカ大陸など、世界のさまざまな地域への移住を理解する鍵となる広域で複雑な領域へと関心を向けている。

＊中国の地理は、遺伝子パターンをどのように形成してきたのか？
＊インドネシアに先住していたのは誰か？　また、オーストラリアとの間で遺伝子交換は頻繁に生じたのか？
＊現生人類が東南アジアに広がる間、ホモ・エレクトゥスとの交配はあったのか？
＊ニューギニア島における遺伝的差異のパターンとは？　また、並外れた言語の多様性との関連性は？

オーストラリアのラトローブ大学に本拠を置くロバート・ジョン・ミッチェルは、オーストラリアとニュージーランドの集団を調査し、母国となるその地へ祖先たちを導いた古代の移動に焦点を当てている。

＊オーストラリアの遺伝子パターンは、アボリジニのソングライン――口から口へと伝承される

歴史の物語——とどのようなかかわりを持つのか？
＊ポリネシア人が太平洋の島々へ広がっていった経路を遺伝子からたどることは可能なのか？

最後に、アデレード大学のアラン・クーパーは、古代ＤＮＡ研究——この手法によって、僕たちは大昔に死んだ個体の遺伝子をじかに調査できる場合がある——を通じて、プロジェクトに重大な要素を付け加えようとしている。クーパーの研究チームは、古代ＤＮＡを分析するための画期的な新技術を数多く開発しており、次に挙げるような主要問題を解決する可能性を存分に秘めている。

＊ホモ・エレクトゥスを始めとしたヒト科絶滅種の化石から無傷のＤＮＡを取りだし、古人類学や初期人類史の分野で繰り返されている論争に終止符を打つことは可能なのか？
＊人類集団が持つ遺伝的構成物の経時的な変化を、古代ＤＮＡを利用して観察することはできるか？

幸運にもジェノグラフィック・プロジェクトは、倫理学者、先住民擁護団体、古生物学者、人類学者、言語学者、そして考古学者といった、重要分野からの実力者を諮問委員会に招き、彼らからの継続的な指導をあおいでいる。

これからの挑戦

本書を執筆している二〇〇六年五月現在、研究チームは遠路アラスカ、チャド、コーカサス諸国、南インド、ラオスでのサンプル抽出に乗りだしはじめた。プロジェクト終了予定の二〇一〇年までに、たくさんの驚きや興奮がもたらされることは確実だ。この国際的な活動を行ううえで最も難しい課題の一つは、サンプルの収集・調査を行うために、先住民や昔ながらの生活を営む民族、またその代表者の協力を得ることである。

以前にほかの研究者たちが行っていた試料採集は、おしなべて場当たり的な仕事だった。通常は、特定の研究を行うために数件のサンプルが集められ、その後ほかの遺伝子マーカーを調べたいという研究者がいれば同じものが回された。一九九〇年代前半、カヴァッリ＝スフォルツァの研究グループは、科学誌『ゲノム・リサーチ』に掲載され反響を呼んだレター論文において、別のアプローチを提案。研究班が論文の中で示唆したのは、多様なヒト遺伝子のサンプルを世界規模で収集することだった。この企画はヒトゲノム多様性プロジェクト、もしくはHGDP〔The Human Genome Diversity Project〕として知られるようになる。

科学的にも素晴らしい意図のもと計画されたHGDPだったが、程なくいくつかの先住民グループの猛反対にあう。その理由は主に九〇年代という時代にはびこっていた、遺伝学の負の可能性だった。マイケル・クライトンの小説『ジュラシック・パーク』が一世を風靡《ふうび》したその時代、人々はDNAの使われ方に警戒心を抱いていたのだ。HGDPの主催者たちが、遺伝子データ（とりわけ医学的な意味を持ち、新薬開発に用いられるような遺伝子マーカー）を特許取得に利用する可能性を示したことは、彼らの立場を不利にした。それによって研究者やその施設の懐が豊かになるのは目に見えていたからだ。そのうえ、血液検体から不死化細胞株を得るというHGDPのもくろみ——たとえ提供者が亡くなっても、生きたDNA源を永久に供給できる——は、人体を神聖なものと考える多くの先住民の信条に反していた。HGDPの呼び掛けでわずかなサンプルは集まったものの、多くの不備に対する反発から、一九九〇年代後半にはほとんどの活動が停止してしまった。

ジェノグラフィック・プロジェクトが打ち立てたのはまったく異なる方法である。先進国・発展途上国両方の研究者が関与する、純粋に人類学的な国際研究プロジェクトは、医学、政治、政府、そして利益とは一線を画している。僕たちの目標は先住民の共同体を保護することで、奪うことではない。プロジェクト開始から労を惜しまなかったのは、完全な透明性と、人間を調査対象にするうえでの倫理的・法的国際規制の順守を確立することだった。参加は自由意思による——同意の基準はいかなる場合も、「事前の説明を受けて本人自身が決めること」なのだ。

取り組んでいる問題が先住民族にとっても興味深いものであり、なおかつ文化的な刺激を与えていないことを確かめるため、僕たちはプロジェクトの進行とともに先住民や先住権擁護者たちに助言を求めるようにしている。サンプル採取は、団体もしくは個人（それぞれの文化に応じて）の希望を考慮した形で行われるが、この方針に沿うためにも諮問委員会に先住民族の代表者数人を置き、彼ら民族擁護者たちと常に話し合いの場を持つようにしている。また、先住民コミュニティが住む地域の可能性を拡大するために、各地に研究センターを設置した。さらにこのプロジェクトは、医学的関連の知られているゲノム領域を対象外としている。したがって、ほかの研究者や企業の間に、当研究から利益を得ようという誘惑は起こり得ない。最後に、発足当初から言いつづけているように、僕たちは遺伝学的発見を人類の共有遺産と見なしているため、当プロジェクトから発生した遺伝子データが特許を受けるようなことはまずないだろう。ジェノグラフィック・プロジェクトは、人類共通の歴史をより深く知りたいと願う、世界中の人々の共同作業なのだから。

現在進行している共同作業の素晴らしい一例は、二〇〇五年一〇～一一月のチャド共和国遠征から始まった。僕とピエール・ザルア率いる調査隊は、アフリカ人多様性の研究において、かつて誰も試みなかったいくつかの集団の調査に踏み込もうとしていた。チャドは、フランス語で十字路《カルフール》と呼ばれるように、アフリカでも特異な地理的位置を占めている。北は灼熱《しゃくねつ》のサハラ砂漠から、南は中部アフリカの密林まで伸び、ナイル川流域や大地溝帯周辺を含む遥か東の集団と、西アフリカに住む集団とを結び付けるサヘル・サバンナ帯に広がる国。この独特な地形は、初期人類がどうやってその地に落ち着いたのかを知る遺伝的手掛かりを、現在のチャド人が維持している可能性をほのめかしている。

一方、一九六〇年にフランスから独立するや、この国は危険な状況に陥った。北部イスラム勢力と、キリスト教の優位な南部の間で衝突が起こったのだ。その結果、チャドの歴史は内戦とクーデターにまみれ、数十年もの間科学の主流から隔絶されてしまった。チャドと国境を接するスーダンのダルフール紛争は、長きにわたる混乱のほんの一部に過ぎない。とはいえ遺伝学的に未開拓のこの地は、調査研究という点ではプロジェクトにとって魅力的な場所でもあった。

僕たちのチャド国民に対する関心を、ワシントン駐在のチャド大使は喜んで受け入れてくれた。数カ月に及ぶ取材調査を開始するときが来たのだ。これには北部ティベスティ地方の反政府勢力指導者との話し合いも含まれた。彼は当プロジェクトに興味をかき立てられ、民族の遠い祖先についての詳細を探りだすことに意欲を示した。長年にわたる南北間の紛争によって孤立した彼らは、民族に関する物語——遺伝的なものでも、そうでなくても——をより詳しく知り、それを世界中の人たちと共有することを望んだのだ。

現地チャドでの最初の二週間は、地元の研究協力者たちと公的な協定書を作成するために費やされた。確実な電気通信の構造基盤がないことから、この仕事の多くは当地でなければ行えなかった。だが根気強い準備作業は功を奏し、ようやく現場で住民たちと接触できることになった。何年もの間よそ者が通ることのなかった、砂埃の舞うでこぼこ道に車を走らせながら、僕たちは遠隔地に住むコミュニティの人々の反応を頭に描いた。彼らはわれわれを受け入れてくれるだろうか？　そして、プロジェクトの説明に耳を傾けてくれるのだろうか？

ありがたいことに、そんな心配はたちまち吹き飛んだ。現地の人々から温かいもてなしを受け、彼ら全員が自らの起源を知りたがっていることを聞いた僕たちは、ほっと胸をなで下ろした。サンプルを採った人は一人残らず、個人的な結果を聞きたがった。彼らの間には祖先の物語——ナイジェリア、エジプト、そして中東のユダヤ人集団につながるものまで——が伝わっていた。ＤＮＡはそれについて何かを教えてくれるかもしれないのだ。ある地域の指導者は、僕たちの活動を「神からの贈り物」と表現した——なんとも心強い支持ではないか。この素晴らしい遠征では三〇〇人分のサンプルが集まり、すでにたくさんの興味深い遺伝子パターンが明らかになっている。

ジェノグラフィック・プロジェクトが単なる科学調査でないことは、言うまでもない。先住民文化が困難に直面していることを知る僕たちは、彼らに何か具体的なお返しをしようと考えている。文化の活性や教育推進に重点を置いたこの活動は、ジェノグラフィック・プロジェクト一般参加用キットの収益を資金源としている。非営利団体であるナショナル ジオグラフィック協会は、キット販売から得た純利益をプロジェクトに還元。そのいくらかは実地調査に当てられるが、大部分はジェノグラフィック・レガシー・ファンドからの補助金という形をとって、世界各地の先住民族支援に使われる。プロジェクトは今後も、民族の文化保護・教育率先に力を入れていくつもりだ。集団がじかにそれを望む場合はことさらである。僕たちの目的は、先住民に自らの物語を語る勇気を与え、その文化が活気を取り戻すための手助けをし、自分たちが直面している問題への意識を向上させることなのである。

先住民族や伝統的な生活を営む集団、そして一般参加者のＤＮＡサンプルから得た結果によって、すべての人々が自己の歴史感覚を豊かにしてくれることを、僕たちは願ってやまない。遺伝子の物語は、各集団の信仰や伝説と置き換えられるものではない。それらを補足し、人類の起源に関するより深い理解を導くためのものなのだ。アフリカから現在の地へと歩んできた祖先の遥かなる旅路を示すことができたとき、世界中の人々を一つの家族に結び付けるという究極のゴールが見えてくるはずだ。

謝辞

ジェノグラフィック・プロジェクトのような規模の企画が実現したのは、ひとえに多くの方々のひたむきな協力があってこそである。二年間に及ぶ企画立案と、二〇〇五年四月に発足したプロジェクトの一年目を通じて、ナショナル ジオグラフィック「ジェノチーム」メンバーは、驚くほど献身的な仕事ぶりを証明してくれた。アレックス・モーン、ルーシー・マクネイル、ジョディ・バー、アン・グレガール、グリニス・ブリーン、サラ・ラスキン、キム・マッケイ、フランク・ヴィダガー、キャロル・ヤング、そしてメローネ・デミシーは、プロジェクトを持続させるため舞台裏で膨大な作業をこなしている。同様に、デヴィッド・ヨーンやクリス・リヒターを始めとする米ＩＢＭ社の研究チーム（ヨークタウン・ハイツにあるワトソン研究所のアジェイ・ロユール研究班を含む）は、コンピューター分析という方面から、プロジェクトにかかわる複雑なデータ類を管理統制してくれるかけがえのない存在だ。

ジェイソン・ブルー＝スミスは私の右腕として、契約交渉から、現地調査で使う薬品類の準備、また本書に掲載した図表の手配など、ありとあらゆる仕事を見事にやりくりしている――ありがとう、ジェイス。ウェビー賞を受賞したウェブサイトの創設においては、ナショナル ジオグラフィックとテラ・インコグニタのデジタルメディアチームが素晴らしい力を発揮してくれた。最後に、ナショナル ジオグラフィック協会とＩＢＭ社の最高経営陣、特にテリー・ガルシア、ジョン・フェイヒー、ニック・ドノフリオ、そしてウェイト・ファミリー財団のテッド・ウェイトにお礼を申しあげたい。各氏からは、企画段階からプロジェクトへの絶大なる信頼を寄せていただき、進行中の現在も変わらぬ支持を賜っている。

付録1

ハプログループの解説▼ミトコンドリアＤＮＡ・Ｙ染色体

Mitochondrial DNA and Y-Chromosome Haplogroup Descriptions

すべての人間はハプログループ、すなわち祖先伝来の氏族に属している。この氏族が持つ遺伝子マーカーから、遺伝学者たちは人類が世界中に移り住んだ経緯を学び知ることができる。

ここではｍｔＤＮＡ氏族とＹ染色体氏族に関する最新の情報をリストアップした（Ｙ染色体については二一一ページから記載）。

各解説の冒頭には、ハプログループがたどってきた系統が記してある。それは知られている限り最古の共通祖先から始まり、系統樹のさまざまな枝を伝い流れる。そうして蓄積された遺伝子マーカーが、ハプログループの特徴となっているのだ。地理的移動についての記述は、ハプログループの年代や分布に関する現在の知識に基づいている。

ジェノグラフィック・プロジェクトのウェブサイトには、それぞれのハプログループの移動地図が掲載されている。故郷のアフリカから、今日見られる主な世界の居住地に広がった各系統の推定移動経路が、この地図に描かれている。

サイト内のＵＲＬ（www.nationalgeographic.com/genographic/atlas.html）を表示したら、ページ下方の「Genetic Markers（遺伝子マーカー）」をクリック、ｍｔＤＮＡかＹ染色体のどちらかを選択し、あとはあなたが読みたいハプログループを再びクリックするだけだ。最先端の情報を反映するため、地図は定期的に改訂される。

ジェノグラフィック・プロジェクトの進行とともに、私たちはここに述べたハプログループについてより多くを学びたいと思っている。遥か昔、人類を世界の隅々まで行き渡らせた移動の旅に関する知識を、より正確なものにするために。

〔ハプログループの正確な年代設定についてはいまだ不確定な部分があり、重複やずれが生じる場合がある。最新情報については、定期的な更新を行っているジェノグラフィック・プロジェクトのウェブサイト（www.nationalgeographic.com/genographic）を参考にされたい。――訳者より〕

ミトコンドリアDNAハプログループ

◆ハプログループ　L1／L0

祖先系統：「イブ」→L1／L0

考古学や化石による証拠は、人類がおよそ二〇万年前の中期旧石器時代にアフリカで誕生したことを示している。しかし、後期旧石器時代の幕開けとなる五～七万年前まで、現生人類らしい行動の近代化は見られなかった。

ミトコンドリア・イブとは、ヒト系統樹における最も古い母系祖先の象徴である。アフリカの大地を移動するうちに、彼女の子孫は二つの異なるグループに枝分かれしていった。それぞれの特徴となる別の突然変異を蓄えたのだ。古い方のグループはL0と呼ばれている。L0の人々が持つ遺伝子配列の多様性が世界一高いことから、この系統がmtDNA系統樹最古の枝を表していることが分かる。さらに重要なのは、現在の遺伝子データによれば、L0系統に属する先住民族はアフリカにしか存在しないということだ。人類のアフリカ起源説は、これによって裏付けられる。

ミトコンドリア・イブの子孫は、やがてL1というグループを形成する。L1は、人類初期の時代にL0と共存していた。L1の末裔は最終的にアフリカを旅立ち世界のほかの地域に移住したが、L0の末裔はアフリカにとどまった。

ハプログループL0は、およそ一〇万年前に東アフリカで発生したと思われる。大昔の祖先たちは、何万年という時間をかけてサハラ以南のアフリカほぼ全域に移り住み、今日では中部アフリカのピグミー族や南部アフリカのコイサン族など、さまざまな地域の集団内で高頻度を維持している。現在、アフリカ中部・東部・南東部で二〇～二五パーセントの頻度を持つL0だが、北部・西部ではあまり見られない。

紀元前一〇〇〇年紀に起きたバンツー族の大移動は、西アフリカから大陸の別の地域に「鉄器時代」をもたらした。この過程で、先住していたL0の人々は吸収または駆逐されてしまったようだ。これはL1の子孫グループが、中部及び東アフリカの諸地域に高い頻度で見られる理由にもなり得る。

このような古代系統がアフリカ大陸を出たのはごく最近で、これには大西洋の奴隷貿易が大きく関与している。アメリカに住む多くのL0メンバーが、モザンビーク〔一八世紀に奴隷貿易の拠点となったアフリカ南東部の国〕の人々とmtDNA系統を共有しているのだ。概して北米・中米と、アフリカ西部・中西部の頻度構成は酷似しており、北米・中米に住むアフリカ系アメリカ人の由来を明らかにしている。一方南米には、アフリカ中西部・南東部両方のmtDNA系統から母系の流れをくむL0メンバーが、極めて高い割合で存在している。

いくつかのL1系統は西アフリカでも高い頻度を示しており、この古代グループの地理的起源に疑問を投げ掛けている。とはいえ、L1が中部及び東アフリカで一番の多様性、ひいては最古の年代を保っていることから、西アフリカにおける高頻度は、かつての人口激減がもたらした結果ではないかと考えられる。またＬ１の人々は、アラブ人集団（パレスチナ人、ヨルダン人、シリア人、イラク人、ベドウィン）にもごく低い割合で存在している。

◆ハプログループ L2

祖先系統：「イブ」→L1／L0→L2

Ｌ２系統の人々はサハラ以南のアフリカで見つかり、Ｌ１／Ｌ０の先人たちと同じく中部アフリカや遥か南部アフリカにも存在する。しかしＬ１／Ｌ０の大多数が東部と南部にとどまった一方、Ｌ２の祖先たちはほかの地域へと広がっていった。

Ｌ２は、アフリカ一の頻度と分布範囲を誇るｍｔＤＮＡハプログループだ。このハプログループは、四つの異なる下位集団（Ｌ２ａ、Ｌ２ｂ、Ｌ２ｃ、Ｌ２ｄ）に分類される。Ｌ２ａの分布は広範囲に及び、アフリカ南東部に高い頻度で存在する。一方Ｌ２ｂ、Ｌ２ｃ、Ｌ２ｄは、主にアフリカ西部や中西部にしか見られない。中でもＬ２ｄは最も古く、Ｌ２ｂとＬ２ｃはごく最近枝分かれしている。したがって、七万年ほど前に一人の母系祖先から発生したＬ２系統は、アフリカ西部または中西部に初めて出現したものと思われる。

Ｌ２はバンツー族の代表的なハプログループと見なされ、アフリカ南東部のバンツー人集団が持つ遺伝子系統の約半数を占めている。紀元前一〇〇〇年紀に起こったバンツー族の大移動は、Ｌ１の子孫系統であるＬ２が、なぜ起源地ではない中部及び東アフリカ各地で高頻度を保っているのかを説明するのに役立つ。

地理的な広がり、特に西アフリカ全域での拡大が原因となり、Ｌ２は米大陸に住むアフリカ系アメリカ人の約二〇パーセントを占める最も支配的なｍｔＤＮＡ系統となった。アメリカ人に見られるいくつかの系統は、アフリカ東部や南東部に住む人々のものと共通しているが、西アフリカにも同じ系統が存在する。アフリカにＬ２が広く分布したため、残念ながら系統の正確な起源地を特定する作業は困難になっている。ただありがたいことに、現在調査している先住民族のサンプルから、数百年前に大西洋横断の航海を果たした集団についての詳細が明らかになるかもしれない。

◆ハプログループ L3

祖先系統：「イブ」→L1／L0→L2→L3

ハプログループＬ３の最も新しい共通祖先は、おおよそ八万年前に生きていた一人の女性である。Ｌ３はアフリカの至る所に見られるが、とりわけ北への移動が知られている。初めてアフリカを脱出した現生人類の集団でもあり、大陸外では系統樹の一番深い枝を表している。

なぜ人類は住み慣れたアフリカの狩り場を離れ、未開の地へ足を踏み入れようと思い立ったのだろう？　Ｌ３がアフリカから流出した原因として、気候の変動が考えられる。およそ五万年前に北ヨーロッパの氷床が緩みはじめると、アフリカでも一時的に気温や湿度が上昇。荒涼たるサハラ砂漠の一部は、つかの間居住可能な地域に一変した。不毛な砂漠地帯はサバンナに変わり、動物たちは新たに顔を出した緑色の草原地へと活動範囲を広げていった。正確な経路はいまだ推測の枠を出ないものの、Ｌ３は過ごしやすい気候とたくさんの獲物を求め、北へ進んでいったのだろう。

現在Ｌ３に属する人々は、北アフリカ各地の集団に高頻度で存在する。メンバーたちは、そこからいくつかの異なる進路を取っていった。完新世中期〔六〇〇〇年前ごろ〕に南へ向かったＬ３系統は、アフリカ中に広がる多くのバンツー族集団の支配的要素となった。西を目指し、カーボベルデ諸島を含む西アフリカの大西洋沖にほぼ隔絶されてしまった集団もいる。

ほかのＬ３メンバーは北へと歩を進め、最終的には完全にアフリカ大陸を後にした。この集団の子孫は、今や中東人口の約一〇パーセントを構成し、世界各地に人類を送りつづけた二つの重要なハプログループの産みの親となった。

Ｌ３ｂとＬ３ｄを保持するのは主に西アフリカ人だが、アフリカ東部や南東部に住む人々も同じ型をいくつか共有している。Ｌ３ｂとＬ３ｄの人々を南部アフリカで見つけることもあるが、概してこれは、祖先が住む南の領地に子孫系統をもたらしたバンツー族の移動によるものだろう。

さらにＬ３は、多くのアフリカ系アメリカ人が属している重要なハプログループでもある。米大陸で見つかるほとんどのＬ３系統は西アフリカ起源だが、中には中西部や南東部を代表する系統もより低い頻度で見られる。

Ｌ３の別のサブグループＬ３*の人々は、アフリカ系アメリカ人の間でより一般的かつ広範なｍｔＤＮＡ系統を共有している。そのほとんどはアンゴラからカメルーンにかけてのアフリカ西岸、もしくは南東部のモザンビークに由来しているようだ。これらの系統は西アフリカ・ギニア湾のサントメ島やビオコ島にも存在する。しかしながら、西アフリカや南北アメリカでＬ３系統が広域的な地理分布を果たした裏には、一八世紀にアンゴラやカメルーンからサトウキビ栽培の労働力が西アフリカへ運搬され、その後アメリカへ奴隷として送り込まれた事実がある。これが系統の正確な起源地を突き止める作業を難しくしているのだ。ジェノグラフィック・プロジェクトは、Ｌ３系統の起源や現在の分布状況をさらに把握するため、今後も調査を続けていく意向だ。

◆ハプログループ　M

祖先系統：「イブ」↓L1／L0↓L2↓L3↓M

Ｌ３から派生したハプログループＭも、同じようにアフリカ大陸を旅立った。人々はアフリカの角《つの》〔アフリカ大陸東端に位置する半島〕を突き進んだ。そこで遭遇したのは、紅海とアデン湾の狭間を流れ、東アフリカの海岸線とアラビア半島を隔てるバブ・エル・マンデブという短い海峡だった。航海のすべてを身につけはじめた人類にとって、十数キロ程度の船旅はさほど難しいものではなかっただろう。この渡航は、中東や南ユーラシアを越え、果ては遥かオーストラリアやポリネシアへ到達する長き沿岸の旅の始まりとなったのだ。

ハプログループMは、アラビア半島東部に高頻度で見られることから、アジア人系統と見なされている。レバント地方（現レバノン周辺の沿岸地方）には事実上存在しないが、アラビア半島南部ではおよそ一五パーセントという高い頻度を持つ。また、六万年前ごろに誕生したと推定されるため、初期にアフリカを脱した人類集団の一つと考えられる。Mは東アフリカでも見られるが、下位集団のM１と比べると頻度はかなり低い。

このグループはパキスタン南部やインド北西部の集団に広く行き渡り、mtDNA遺伝子プールの三〇～五〇パーセントを構成する。インダス谷東部での広域的な分布や遺伝的多様性の豊富さは、ハプログループMの人々が、アジア南西部に最初に住み着いた人間の子孫であることを示唆している。旧石器時代に重要な拡大を果たしているが、東アジア人が持つM系統の中には、中央アジア人と一致している系統があることから、東から中央アジアへのごく最近の移動が指摘される。

ハプログループMから分かれる複数の枝は、ある地理的特異性をあらわにしている。M２～６は、インドへの典型的なサブグループだ。M７は東アジア南部に分散し、中でもM７aとM７b２は、それぞれ日本人・韓国人を代表するグループとなっている。中国南部と日本では約一五パーセントという頻度に達するM７だが、モンゴルでの頻度はもっと低い。

◆ハプログループ　M1

祖先系統：「イブ」↓L1／L0↓L2↓L3↓M↓M1

M特有の突然変異を蓄積した脱アフリカ集団は、アラビア半島を通り抜け、インド亜大陸や東アジアへ分け入った。ところがM１は東への道を選ばなかった。アラビア半島で立ち止まり、アフリカへと引き返したのだ。M１は、独自の突然変異や地理的分布によって識別される。実際M１の人々は、四度の独特な突然変異を特徴としている。後にM１は東アフリカで四つの下位集団に枝分かれし、再びそれぞれの遺伝的差異を身につけた。M１全体の推定年代が六万年前ごろであるのに対し、四つのサブグループはすべて一～二万年以内に東アフリカで分岐している。

今日、東アフリカ人mtDNA系統の約二〇パーセントがハプログループM１に属し、その分布は紅海まで及ぶ。またM１は、地中海沿岸のマクロハプログループMのほとんどと、ナイル谷に見られる全系統の約七パーセントを構成している。

このグループは、インド人と東アジア人の集団にはほとんど見つからない。興味深いことに、インド人・東アジア人のハプログループMと、東アフリカ人のM１系統はほぼ同年代である。したがってハプログループMの集団は、大移動前には実際東アフリカに住んでいたものの、後に現れた集団がそれに取って代わったのかもしれない。逆にＭ１はアフリカ脱出後に発生し、ほかのＭ系統保持者が東を目指す中、紅海を逆行して戻ってきたのだろう。両系統の詳細な起源は、いまだ科学的興味の尽きないテーマである。

◆ハプログループ　Ｃ

祖先系統：「イブ」↓Ｌ1／Ｌ0↓Ｌ2↓Ｌ3↓Ｍ↓Ｃ

　初期のあるＭ集団は、中央アジアのステップ地帯で独立し、獲物の群れを追って果てしない荒野へと旅立った。今からおよそ五万年前、ハプログループＣの最初のメンバーたちは、北方シベリアへの道を歩みだしたのだ。最終的には南北アメリカ大陸まで続いた旅路の始まりである。

　このハプログループは、カスピ海とバイカル湖の間に広がる中央アジアの高原で発生した。Ｃは典型的なシベリア系統と考えられ、今日ではシベリア人ｍｔＤＮＡ遺伝子プール全体の二〇パーセント以上を占めている。北ユーラシア全域における年代の古さと高い頻度から、このような辺境地に初めて定住した人間が持ち込んだ系統と広く認識されている。

　シベリアの本拠地から方々に散らばったハプログループＣの人々は、周辺地域に移動するもすぐに南を目指し、中央アジア北部へ進んでいった。ハプログループＣの頻度は、シベリアから遠ざかるにつれて徐々に下降し、現在では中央アジア人の約五～一〇パーセント、東アジア人の三パーセントを構成している。

　しかしシベリアの西、ウラル山脈やボルガ川流域周辺へ進むと、この緩やかな下降線は突如として途切れてしまう。ウラル山脈西側の東西ヨーロッパにおけるこのハプログループの頻度は、一パーセントにも満たないのだ。どうやらハプログループＣの人々は、この山々をうまく越えることができなかったようだ。地理的障害が人類の移動、ひいては遺伝子流動に影響を与えるという説得力のある例だ。

　シベリアの厳しい気候を経験してきたハプログループＣの人々ほど、一万五〇〇〇～二万年前の最終氷期において、ベーリング陸橋の過酷な横断を首尾よく果たせた者はいなかっただろう。地球の気温が下がり大気が乾燥すると、大量の淡水が極氷冠に閉じ込められ、北半球の大部分では生活自体がほぼ不可能となった。だが氷河作用がもたらした重要な結果は、東シベリアとアラスカ北西部を一時的に結び付けたことだった。この集団は漁をしながら海岸線をたどっていったのだ。

　現在ハプログループＣは、南北アメリカ先住民に見られる五つのｍｔＤＮＡ系統の一つである。Ｃの年代はとても古いが（約五万年前）、米大陸で見られる遺伝的多様性の少なさは、この系統が過去一万五〇〇〇～二万年の間に米大陸にたどり着き、その後急速に広がったことを示している。では移動の波は厳密に何度押し寄せ、到着後人類はどのような経路をたどったのだろう？　多くの関心が寄せられるこの疑問を追究することは、ジェノグラフィック・プロジェクトが南北アメリカで実施している調査の中核でもある。

◆ハプログループ　D

祖先系統：「イブ」↓L1／L0↓L2↓L3↓M↓D

およそ五万年前、中央アジアのステップ地帯で独立したもう一つのM集団は、東アジアへと向かっていった。ハプログループDの最初のメンバーとなった人々は東方へ移動し、子孫たちは最終的に両アメリカ大陸へ到達した。

ハプログループC同様、Dもカスピ海とバイカル湖に挟まれた中央アジアの高原地帯に住んでいた。Dは典型的な東ユーラシア系統と見なされ、現在では東アジアの主要ハプログループとしてmtDNA遺伝子プール全体の約二〇パーセントを構成している。

中央アジアの故郷から散開したDの人々は、周辺地域に移るとすぐに南へ向かい、東アジアへと歩を進めた。Dは北アジア人口の二〇パーセント以上に存在し、東南アジアでは約一七パーセントの頻度で見られる。東ユーラシア全域における年代の古さと高い頻度から、この地域に初めて住み着いた人間が運んできた系統という見方が一般的だ。

ハプログループDは、ユーラシア大陸を西に進むにつれて徐々に頻度を落としていく。中央アジア人の一〇～二〇パーセントはこのハプログループに属しているが、配列のまったく同じいくつかの系統を東アジア人と共有していることから、ごく最近の交流が示される。これらの系統は過去五〇〇〇年以内、おそらくユーラシア大陸全域を結んだ古代交易路「シルクロード」の時代に持ち込まれたのだろう。

Dもまた北米大陸に渡り、南北アメリカ先住民に見られるmtDNA五系統のうちの一つとなった。

◆ハプログループ　Z

祖先系統：「イブ」↓L1／L0↓L2↓L3↓M↓Z

三万年ほど前、北を目指したハプログループZの最初のメンバーはシベリアへと進出した。東アジアの広域を制した旅の始まりである。シベリア人の特徴的な系統であるハプログループZもまた、カスピ海とバイカル湖の間の中央アジア高原地帯に暮らしていた。今ではその一帯のmtDNA遺伝子プールにおいて、全体の三パーセントを占めている。北ユーラシア全域で古い年代と高頻度を保っていることから、このような遠隔地に初めて腰を据えた人間が運んだ系統だと、広く認識されている。

ハプログループZに属する人々は、シベリアの拠点から南を目指し、中央アジア北部へ進出した。今日Zは東アジア人口の約二パーセントを占めている。しかしシベリアを西方へ進み、ウラル山脈やボルガ川流域に近づくと、Zの頻度は激減する（一～二パーセントにも満たない）。山の向こう側を制覇しようという試みは、ほぼ不成功に終わったようだ。

CやDのようなシベリア系統は、Zとよく似た地理的分布を示しながらも、順調に米大陸への進出を果たした。しかしＺはその道を選ばなかったか、選んだとしても今日まで子孫を残すことができなかった。実際、初めてベーリング海峡へ挑んだ人類集団の中にＺ保有者がいたならば、系統を運んだ人数はとても少なく、アメリカ人遺伝子プールからもいつしか消え去ってしまったのだろう。

◆ハプログループ　N

祖先系統：「イブ」↓L1／L0↓L2↓L3↓N

ハプログループＮは、Ｍと同様、Ｌ３から直接由来した二つの集団の一つである。先に発生したＭは、人類移動における最初の大きな波としてアフリカを旅立った。第二の大波も同じようにＬ３から発生したが、東ではなく北へ移動し、シナイ半島を通ってアフリカ大陸を後にした。砂嵐舞うサハラ砂漠の過酷な環境に直面した人々は、確実な水源や食糧供給を保証してくれるナイル川流域をたどっていったようだ。こうした移住者の子孫が、やがてハプログループＮを形成したのだ。

初期メンバーは、東地中海地域や西アジアで、ネアンデルタール人のようなヒト科生物と一時期共存していたものと思われる。イスラエルのケバラ洞窟（カルメル山）では、つい六万年ほど前のネアンデルタール人の骨格が発掘されており、新・旧人の地理的・時間的な重なりが指摘されている。

ハプログループＮに特定される突然変異を持つ人たちは、各々たくさんの集団を形成し、地球上の大部分の地域を網羅した。アジア、ヨーロッパ、インド、南北アメリカの至る所にＮの子孫が存在しているが、近東やヨーロッパに見られるほぼすべてのｍｔＤＮＡ系統がＮに由来していることから、西ユーラシアのハプログループと考えられている。

近東で数千年の時を過ごしたＮ集団は、大平原を渡っていく獲物の大群を追いかけて、それぞれの方角を目指し、近東周辺の領域へと足を踏み入れたのだ。西へ向かったハプログループＮの子孫たちは、現在トルコや地中海東岸に広く行き渡っている。遥か東へ進み、中央アジア各地や、パキスタン・インド周辺のインダス谷へ広がった者もいる。北を目指したメンバーは、レバント地方を通りカフカス山脈を越え、ヨーロッパ南東部やバルカン諸国にとどまった。重要なのは、やがてその子孫たちがヨーロッパのほかの地域へ移住しつづけ、現在では欧州で最も頻度の高いｍｔＤＮＡ系統となったことだ。

◆ハプログループ　N1

祖先系統：「イブ」↓L1／L0↓L2↓L3↓N↓N1

Ｎとよく似た広範囲な地理的分布もさることながら、このハプログループの重要性は、アシュケナジー・ユダヤ人の祖となった主要四系統のうちの一つを構成している点にある。「アシュケナジー」というのは、主に中央及び東ヨーロッパに起源を持つユダヤ人を指している。多くの歴史的文献によると、この集団はライン川流域で芽生え、その後人口が爆発的に増加した。西暦一三〇〇年ごろには推定二万五〇〇〇人ほどだった人口が、二〇世紀初頭には約八五〇万人まで達している。

　アシュケナジー・ユダヤ人のｍｔＤＮＡ系統をたどると、約半数が四人の女性のいずれかに行き当たる。ハプログループＮ１の始祖はその一人なのだ。Ｎ１はアシュケナジー以外の集団にはほとんど存在しないが、レバント地方、アラビア、エジプトの集団では三パーセント以上の頻度を示しており、創始者効果（移住などにより隔離された少数の個体群が、新たな遺伝子頻度の個体群を形成すること）において遺伝子が果たした強力な役割を表している。現在Ｎ１はアシュケナジー・ユダヤ人の中で二番目に多く、八〇万人に共通するハプログループとなっている。

◆ハプログループ　A

祖先系統：「イブ」↓L1／L0↓L2↓L3↓N↓A

　今からおよそ五万年前、ハプログループＡの最初のメンバーたちは、シベリアを横断して東へと向かった。そこから始まった旅路は、南北アメリカ大陸へ到達するまで途切れることはなかった。

　ハプログループＡは、中央アジアの高原地帯で発生したと思われる。東アジアのさまざまな地域に拡散していったＡはアメリカ先住民の集団で最初に見つかったハプログループであり、遺伝学者がＤＮＡの突然変異を利用して先史時代の移動年代を決定できるようになったのは、その貢献によるところが非常に大きい。ハプログループＡはほとんど例外なく、シベリア・アラスカ・カナダの先住民族イヌイットが持つ唯一の系統である。これらの領域への移民が約一万一〇〇〇年前という確実な年代を与えられたため、イヌイットに特有なＤＮＡの突然変異は、遺伝学者たちにヒト遺伝子突然変異による分子時計を推測させるに至った。またそれによって、イヌイットの米大陸移住のみならず、先史世界の人類移動を正確に見積もることができるようになったのだ。

◆ハプログループ　I

祖先系統：「イブ」↓L1／L0↓L2↓L3↓N↓I

　ＩはＮから分岐したハプログループで、その子孫は北ヨーロッパ及び北ユーラシアに高い頻度で存在する。Ｉの人々は近東を一種の本拠地としていたが、そこからほぼ全世界へと広がっていった。現在、近東のＩメンバーは北ヨーロッパのＩメンバーよりもたくさんの枝分かれを見せており、近東でより長い時間をかけて突然変異を蓄積した事実がうかがえる。つまりハプログループＩの初期メンバーは、おそらくカフカス山脈を通って北へと進み、後期旧石器時代中ごろに初めてその系統をヨーロッパに持ち込んだのだろう。

西ヨーロッパへの移動の波は、考古学者によれば「オーリニャック文化」をもたらした。生活用具の製造や発明に著しい革新が訪れたことで、人々は動物の皮をなめすための掻器《そうき》から木工具まで、より幅広い種類の道具類を使いはじめた。石に加え、現生人類の集団は骨・象牙・シカの枝角・貝殻などを道具作りに活用した。ときに身分の象徴となる装飾品も出土されており、貝殻、歯、象牙、そして彫刻を施した骨で作った腕輪や首飾りからは、より複雑な社会組織の始まりがうかがえる。

　今日ヨーロッパで見られるｍｔＤＮＡ系統のわずか一〇パーセント程度が、大陸への最初期の移動（後期旧石器時代前半）を反映し、約二〇パーセントはそれよりずっと後に行われた新石器時代の移動を示している。Ｉを含むほかのヨーロッパ人ｍｔＤＮＡ系統は、二万五〇〇〇年ほど前（後期旧石器時代中盤）の移住によってもたらされ、約一万五〇〇〇年前（後期旧石器時代後半）の後氷期に、氷床が遠ざかるにつれてヨーロッパ中に広がっていった。

◆ハプログループ W

祖先系統：「イブ」↓L1／L0↓L2↓L3↓N↓W

ハプログループＷも同じくＮに由来し、近東からヨーロッパへ移動した。Ｉの子孫同様、ハプログループＷの近東メンバーも、現在北ヨーロッパの人々よりたくさんの枝分かれを見せている。つまり、近東により長く居住し、より多くの突然変異を蓄積したということだ。ハプログループＷの初期メンバーは、後期旧石器時代中盤にカフカス山脈を越えて北へと移動したのだろう。オーリニャック文化はハプログループＩだけでなく、Ｗの人々にも関連している。

◆ハプログループ X

祖先系統：「イブ」↓L1／L0↓L2↓L3↓N↓X

ハプログループＸは、主にＸ１、Ｘ２という二つの異なるサブグループで構成され、その広範囲でまばらな分布が大きな議論を招いている。Ｘ１の大部分が北及び東アフリカに存在する一方で、Ｘ２は西ユーラシア広域に拡散している。ヨーロッパ人ｍｔＤＮＡ系統の約二パーセントを占め、近東・カフカス地方・地中海ヨーロッパではさらに大きな存在感を示しているのだ。西ユーラシアのいくつかの集団では一〇〜二五パーセントとかなりの頻度を示しているが、これには約一万五〇〇〇年前の最終氷期に続く人口の拡大が起因していると思われる。

　ハプログループＸをめぐる決定的な論争は、アメリカ先住民族が属する五氏族のうちの一つという位置付けにある。しかも、Ｘは北米だけにさまざまな頻度で存在している。アメリカ五大湖地方に住むオジブワ族の約二五パーセント、スー族の約一五パーセント、ヌーチャーヌース族の一〇パーセント強、ナバホ族の七パーセントにこの系統が見られる。しかしＸ２は、新世界へつながる最初の陸上ルートとされるシベリアにはほとんど存在しない。

　アメリカ先住民族の四大ハプログループ（A、B、C、D）とは異なり、ハプログループXは東アジア人集団にはまったく存在せず、その地域への植民に何のかかわりも持たなかったことが示唆される。しかしながら、米大陸での一万五〇〇〇年という年代は、この集団の人々がアメリカに到達した最初の現生人類だという事実を物語っている。南シベリアのある集団がX系統を含有していることが分かっているが、そこにはほぼ同一の配列しか存在しない。つまり、新石器時代以降に農耕民が拡大し、この地域に遺伝子流動が生じた結果ではないかと考えられる。

　このハプログループの広範囲に及ぶ地理的分布や、アメリカ先住民に普及しているにもかかわらずシベリアにはほとんど存在しないという事実は、科学的関心の大きな的でありつづけるだろう。人類学者たちは、人間を初めて地球の隅々まで行き渡らせた移動の経路を再現すべく努力を続けている。

◆ハプログループ　R

祖先系統：「イブ」→L1／L0→L2→L3→N→R

　R氏族は、系統樹の大枝Nに属する女性に由来するグループだ。いわば西ユーラシア系統の共通祖先であるこの女性の子孫に、アナトリア・カフカス・イランの各地方に高い頻度で存在している。

　とはいえ、ハプログループRの歴史は複雑である。どこにでも出現するうえ、とても古い起源を持っているからだ。ハプログループRの始祖が生を受けたのは、人類が二度目の出アフリカを果たした比較的直後だった。その後子孫たちは、祖先グループNと同じ道をたどり、移動を繰り返してきたのだ。

　NとRは何千年間も共存生活を続けたため、近東を出るころには二グループが混ざり合っていたようだ。遺伝の糸はすぐにもつれてしまったが、遺伝学者たちは目下その糸を解きほぐし、同じように広範な地域で見つかるハプログループNとRの異なる物語を明らかにしようと尽力している。

　ただしRからは、今日一般的になった数多くの特徴的なハプログループが生まれている。中東を通って中央アジアやインダス谷に進出したR集団もいれば、南へ向かい、祖先が旅立ったばかりのふるさとアフリカへの道を引き返す集団もいた。また、北へ向かったRメンバーはカフカス山脈を越えていった。この系統は、クロマニョン人によって初めてヨーロッパへ運び込まれたのだ。

　三万五〇〇〇年前ごろの現生人類のヨーロッパ到達は、およそ二三万年前から二万九〇〇〇年前までヨーロッパや西アジアの一部に生息していたヒト科生物、ネアンデルタール人の時代に終止符を打った。発達したコミュニケーション能力や武器、そして素晴らしい知恵が、乏しい資源をめぐるネアンデルタール人との争いを有利に導いたのだろう。現在ハプログループRの末裔は、ヨーロッパ人mtDNA系統の七五パーセント以上を占める中心的な存在となっている。

◆ハプログループ　B

祖先系統：「イブ」↓L1／L0↓L2↓L3↓N↓R↓B

五万年ほど前、ハプログループＢの初期メンバーは東アジアへの移動を始め、やがて両アメリカ大陸とポリネシアのほぼ全域に到達した。このハプログループは、カスピ海とバイカル湖の中間に位置する中央アジアの高原地帯に発生したようだ。現在ではハプログループＦ・Ｍとともに、東アジアの全ｍｔＤＮＡ系統の約四分の三を構成する基本系統の一つとなっている。

発祥地の中央アジアから広がったＢの人々は、周辺地域から瞬く間に南へ移動し、東アジアを突き進んだ。今日ハプログループＢは東南アジア人の約一七パーセント、そして中国人遺伝子プールの二〇パーセントほどを構成している。ベトナムから日本まで、太平洋沿岸で非常に広範囲な分布を示すとともに、シベリア先住民の間でも低い頻度（約三パーセント）を保っている。東ユーラシアでの年代の古さと高頻度から、そこに最初に住み着いた人々が運んできた系統だという説が一般的だ。ハプログループＢもまた、現存する南北アメリカ先住民族が持つｍｔＤＮＡ系統の一つである。

近来の人口増加が原因と見られ、Ｂ系統から派生したサブグループの一つは、東南アジアからポリネシアに流れ込んだ。Ｂ４と呼ばれるその系統は、ユーラシア大陸でかなりの時間をかけて蓄積した一連の突然変異に特徴付けられている。

Ｂの近縁であるこの下位集団は、おそらく過去五〇〇〇年以内に東南アジアからポリネシアに広がり、今では各島々を通じて高頻度で存在している。中間の系統――Ｂ４の突然変異すべてではないが、いくつかが確認される系統――が、ベトナム人、マレーシア人、ボルネオ人の集団で見つかっており、東南アジアのこれらの地域がポリネシア系統の起源となっている可能性をさらに高めている。

◆ハプログループ　F

祖先系統：「イブ」↓L1／L0↓L2↓L3↓N↓R↓F

ハプログループＦは、カスピ海とバイカル湖の間に広がる中央アジアの高原に出現したと思われる。Ｆはハプログループ Ｂ・Ｍとともに東アジア系統の基礎を築き、今日では合わせて東アジアにおける全ｍｔＤＮＡ系統の約四分の三を構成している。

およそ五万年前、ハプログループＦの初期メンバーは中央アジアや東南アジアで祖先グループＲから独立し、東アジアへ進出しはじめた。やがて集団は散開し、今では東南アジア全域に広く分布。東南アジア人の二五パーセント以上を占めるようになった。

現在、ハプログループＦの配列多様性が最も高く見られるのはベトナムである。Ｆは太平洋沿岸で非常に広範囲な分布を示し、フィリピン人や台湾先住民の集団にも見ることができる。東南アジアを遠ざかるにつれて頻度は低くなるものの、北は中央シベリアのエヴェンキ族から、南はボルネオ島のカダザン族まで幅広い。

ハプログループFはパプアニューギニアの沿岸に住むいくつかの集団にも見つかっており、この系統のインドネシアやおそらくポリネシアへの最初の普及については強い関心がつきまとう。メラネシアやポリネシアにおけるFの配列多様性が比較的低いため、南太平洋の島々にオーストロネシア語族をもたらした先住入植者が持ち込んだ系統だとは考えにくい。むしろ、六〇〇〇～八〇〇〇年前ごろに起こったシナ＝チベット語族の拡大に伴い、F保有者が東南アジアに広がったものと見込まれる。

インドネシア、メラネシア、ポリネシアを含む東南アジアのヒト先史時代史は、人類学者たちにとっては依然大きな興味の的であり、ジェノグラフィック・プロジェクトがこれらの地域で継続している研究の最大の焦点でもある。

◆ハプログループ　PRE‐HV

祖先系統：「イブ」↓L1／L0↓L2↓L3↓N↓R↓pre‐HV

ハプログループpre‐HVのメンバーは、紅海周辺や近東全域に確認できる。エチオピアやソマリアで一般的な遺伝系統だが、最も高い頻度を誇るのはアラビアだ。西ユーラシアのほかの集団との遺伝的・地理的近似性から、東アフリカに住むpre‐HVの人々は、より最近の移動によって大陸に戻ってきたのではないかと思われる。

Rから派生したpre‐HVは、ときにR0と表され、その子孫たちはアナトリア・カフカス地方やイランに高い頻度で存在する。パキスタンとインドの国境周辺に位置するインダス谷にも見られるが、これは後に近東を発った集団が東方へ移動した結果だと考えられる。

先に記したように、ハプログループNとRの子孫たちは近東を一種の本拠地とし、そこから世界の大部分へ広がり住むようになった。その末裔は今や西ユーラシアの遺伝系統すべてを構成し、東ユーラシア人mtDNA遺伝子プールの約半数を占めている。中東を横断して、中央アジアや西インド周辺のインダス谷へ移動した人々もいたし、南へ向かい、祖先たちが最近まで住んでいた場所からアフリカの故郷へ引き返した者もいた。

pre‐HVのほかのメンバーに、北はカフカス山脈、西はアナトリアを越えていった。この系統は、クロマニョン人によって初めてヨーロッパに持ち込まれることとなる。

数千年の間にpre‐HVの子孫たちは枝分かれを始め、独自のグループを形成していった。中でも特に重要なのがHVと呼ばれる集団で、そこから西ヨーロッパで最も一般的な二つの母系系統HとV（詳細は各項目参照）が発生した。

このような系統はすべて二万年前ごろには存在していたものの、mtDNA系統の遺伝子分布を支配するようになるのは、気候が再び過渡期を迎えてからのことである。拡大する氷床は人々をスペイン、イタリア、バルカン諸国へ南下させた。氷河が後退して気温が緩みはじめた一万二〇〇〇年前ごろになってようやく、集団は再度北を目指し、氷河期には人類を寄せ付けなかった地域に住み着くようになったのだ。

◆ハプログループ　HV

祖先系統：「イブ」↓L1／L0↓L2↓L3↓N↓R↓pre-HV↓HV

同じ祖先系統を持つ集団が中央アジアやインダス谷へ広がり、さらにはアフリカへと帰還する中、HVの祖先たちは近東にとどまった。ハプログループpre-HVから派生したHVは、独特な一連の突然変異を特徴とする新しいグループを形成したのだ。

西ユーラシアのハプログループHVは、現在のトルコや、ロシア南部とグルジアのカフカス山脈周辺を含む近東全域で見られる。東アフリカ各国、特にエチオピアでの存在については、近東からの新たな遺伝子流動が示唆される。おそらく過去二〇〇〇年間に行われたアラブ人による奴隷貿易が関与しているのだろう。

HVの中には、さかのぼること三万年ほど前に、北はカフカス山脈・西はトルコを越えて自らの系統をヨーロッパへと伝えた者もいた。

一万五〇〇〇～二万年前ごろの最終氷期のさなか、初期ヨーロッパ人はイベリア半島、イタリア、バルカン諸国といったより温暖な地域へ避難し、寒波が通り過ぎるのを待った。集団の規模は大幅に縮小し、かつてヨーロッパに存在していた遺伝的多様性の多くが失われた。氷床が遠のきはじめると、人類は再び北上し、西ヨーロッパへの再入植を果たす。このとき拡大した集団によって最も多く運ばれたmtDNA系統が、HとVだ。

現在ではこの二氏族が、西ヨーロッパにおける遺伝子分布の中心となり、全ヨーロッパ人系統の七五パーセント近くを構成している。

◆ハプログループ　HV1

祖先系統：「イブ」↓L1／L0↓L2↓L3↓N↓R↓pre-HV↓HV1

HV1がpre-HVから分岐して新しいハプログループを形成したのは、およそ三万年前のことだった。HVと同じくHV1も、アナトリア（現トルコ）やロシア南部とグルジアのカフカス山脈周辺を含む近東全域で、最も高い頻度を見せている。HV1保持者の中には、険しいカフカス山脈を越えてロシア南部へ入り込み、黒海沿岸の草原地帯へ進んだ者もいた。その後西へ向かい、現在のバルト三国や西ユーラシアを含む地域へ進出したのだ。バルト諸国周辺の草原は、後に集団が北や西へ移動する際の拠点となった。今日、東ヨーロッパや東地中海地域でも、このような系統を確認することができる。

イベリア半島と地理的に近接しているにもかかわらず、このハプログループは西ヨーロッパの二大系統であるHとVの生みの親にはならなかった。このことから、多くの初期ヨーロッパ人が最終氷期を必死に生き抜こうとしていた間、HV1の祖先たちは温暖な南に下がり、なじみ深い近東で無事に氷期をやり過ごしたことが示唆される。興味深いことに、HV1もまた東アフリカの各地、とりわけエチオピアに存在している。これはおそらく、過去二〇〇〇年間に行われたアラブ人の奴隷貿易が原因となり、近東からの遺伝子流動が起こったためだと思われる。

◆ハプログループ H

祖先系統：「イブ」↓L1／L0↓L2↓L3↓N↓R↓pre-HV↓HV↓H

最終氷期が終わると、人類は再び西ヨーロッパに居住しはじめた。拡散していく人類集団によって運ばれたH系統は、圧倒的な頻度でヨーロッパ人のmtDNA分布図を支配するようになった。

現在ハプログループHは、数多くのヨーロッパ人集団の遺伝子プールにおいて四〇〜六〇パーセントを構成している。たとえばローマやアテネでは全人口の四〇パーセントを占有し、西ヨーロッパ全体でも同じような頻度を示している。また、東に進むにつれて徐々に低くなる頻度は、氷床が退いた後に移住者たちがイベリア半島からたどった移動経路を浮き彫りにしてくれる。Hはトルコに二五パーセントほど、カフカス山脈に二〇パーセントほど存在している。

ハプログループHはその頻度の高さから西ヨーロッパの系統と見なされているが、遥か東方でも見つかっている。現在では南西アジア人が持つ系統の約二〇パーセント、中央アジア人系統の約一五パーセント、そして北アジア人系統の約五パーセントを構成している。

重要なのは、東西のH系統を比べると大きな年代のずれが見られることだ。ヨーロッパでのHの年代は、一万〜一万五〇〇〇年前と推定されている。Hはかなり早く（三万年前）にヨーロッパへの進出を果たしたが、氷河期がもたらした人口の減少によって系統の多様性が大幅に減り、それに伴い推定年代も若くなったようだ。しかしながら、中央アジアや東アジアでの年代は約三万年前と推測されており、近東を発った初期の移動中にその地域に進出したことを示している。

◆ハプログループ V

祖先系統：「イブ」↓L1／L0↓L2↓L3↓N↓R↓pre-HV↓HV↓V

今日ハプログループVの分布は、西・中央・北ヨーロッパにほぼ限定されている。Vの推定年代はおよそ一万五〇〇〇年前とされ、最終氷期のさなか人類がヨーロッパのレフュジアに閉じこもっていた五〇〇〇年ほどの間に発生した可能性を示唆している。Vはスペイン北部で独自の民族を形成するバスク人の約一二パーセントに見られ、その他たくさんの西ヨーロッパ人集団内にも五パーセントほど存在する。アルジェリアやモロッコでも見つかっていることから、イベリア半島を脱したいくつかの移動集団は南方を目指し、ジブラルタル海峡を渡って北アフリカへ進入した事実がうかがえる。西から東へ進むにつれて徐々に減少する遺伝的多様性は、この集団がレフュジアからたどった移動の方向を指し示している。

興味深いことにハプログループVは、トナカイの群れを追って季節ごとにシベリアとスカンディナビアを行き来する、スカンディナビア北部の狩猟採集民族スコルト・サーミの間で最も高い頻度を保っている。Vはサーミ族の約半数に及ぶmtDNA系統を構成しているものの、その遺伝的多様性は西ヨーロッパの多様性よりもかなり低いため、過去数千年間にサーミ族へ伝わったものと思われる。

◆ハプログループ　J

祖先系統：「イブ」↓L1／L0↓L2↓L3↓N↓R↓J

このグループに属する人々も、やはり系統樹のRに区分される一人の女性に由来している。そこから分岐した枝はハプログループJを構成し、四万年ほど前に生きていたこの女性始祖の存在をあらわにしている。ハプログループJは、東はインドとパキスタンを隔てるインダス谷から、南はアラビア半島に至るまで、非常に広範囲に分布している。後期旧石器時代の前半から中ごろに姿を現したにもかかわらず、概して新石器時代の普及を示す主要な遺伝的痕跡の一つと考えられている。

狩猟採集や漁によって生活を支える人々の集団が、何万年にもわたってユーラシア大陸の大部分を占拠してきた中、およそ一万年前に肥沃な三日月地帯（現在のトルコ東部やシリア北部）で暮らしていた現生人類の集団は、採集した植物・木の実・種子などを栽培化しはじめた。その結果誕生したのが、世界初の農耕民である。この革新的な文化が生まれた時代は、通常「新石器時代」と呼ばれている。

確実な食料源によってより多くの人口を支えることが可能になった人々の集団は、新たな技術を携えて中東から移動しはじめた。周辺地域には、そのころすでに人類が定着していた。農耕という新技術の素晴らしさから目を背けることができなかった周囲の集団は、すぐさま新参者たちをまねるようになる。農耕が素早く広範囲に導入された一方で、新石器時代の普及がもたらしたこれらの系統は、今日では低い頻度でしか見られない。

ハプログループJはヨーロッパよりも近東で高い多様性を保っており、最も近い共通祖先の起源がレバント地方（レバノンの沿岸周辺）だったことを示している。またアラビアで最も高い頻度に達し、ベドウィンやイエメン人のおよそ二五パーセントを構成している。しかし遺伝学的検証から、このような高い発生率はむしろ人口の減少、つまり創始者効果を反映するもので、ハプログループJの起源地が実際にアラビアではないことが示唆される。

◆ハプログループ　K

祖先系統：「イブ」↓L1／L0↓L2↓L3↓N↓R↓K

ハプログループKに属する人々もま

た、系統樹のRに大別される一人の女性の子孫である。Kに見られる遺伝的多様性の豊かさから、この女性が生きていたのはおよそ五万年前と推算される。注目に値するのは、彼女の子孫がもたらしたさまざまなサブグループの中に、非常に特異な地理的起源を示すものがあるということだ。これらのサブグループが持つ年代の古さは、広範囲にわたる分布を導いた。現在では特定のヨーロッパ人、北アフリカ人、インド人という構成要素を抱いているほか、アラビア、カフカス山脈北部、そして近東全域でも見つかっている。

北はスカンディナビアへ向かった者、南は北アフリカを目指した者がいる中で、現在ほとんどのKメンバーは近東から北へ移動した集団に由来している。彼女たちはカフカス山脈の険路を越えてロシア南部へ入り込み、黒海沿岸の草原地帯へ進んでいった。

N1系統同様、Kやそのサブグループは、アシュケナジー・ユダヤ人の祖となる四大系統のうち三系統を構成する大変特徴的なハプログループである。約半数のアシュケナジー・ユダヤ人が持つmtDNA系統をさかのぼると、四人の女性のいずれかにたどり着く。Kはそのうちの三人を生みだした系統なのだ。Kはアシュケナジー以外の集団にもより低い頻度で見られるものの、アシュケナジーを構成している三系統に関しては、ほかの集団内ではめったに見られない。ヨーロッパ人にもほとんど存在しないが、レバント地方・アラビア・エジプトの集団では三パーセント以上の頻度で見つかっている。これは、近東で発生したと思われるアシュケナジーの創始者効果において、遺伝子が果たした大きな役割を示している。現在Kは、アシュケナジー・ユダヤ人の中で最も一般的な四系統のうち三つの源流となり、今では三〇〇万人以上が共有している。

◆ハプログループ　T

祖先系統：「イブ」↓L1／L0↓L2↓L3↓N↓R↓T

ハプログループTを構成する系統樹の一枝は、始祖となった一人の女性が約四万年前に生きていたことを示している。ハプログループTは、東はインダス谷から南はアラビア半島までとても広範囲に分布しており、東及び北ヨーロッパでも一般的な系統である。後期旧石器時代の前半から中ごろに現れたものの、概して新石器時代の普及を示す主要な遺伝的痕跡の一つと見なされている。

◆ハプログループ　U

祖先系統：「イブ」↓L1／L0↓L2↓L3↓N↓R↓U

ハプログループUは、その豊富な多様性から五万年ほど前に出現したと考えられている。Uやそのサブグループが持つ非常に古い年代は、広範囲な分布をもたらした。今では特定のヨーロッパ人、北アフリカ人、インド人という構成要素を秘め、アラビア、カフカス山脈北部、また近東全域にも存在している。

ある者は北へ向かってスカンディナビ

アにたどり着き、ある者は南を目指して北アフリカに到達したが、ほとんどのUメンバーは近東から北へ移動した集団に由来している。彼女たちはカフカス山脈の過酷な旅を経験し、黒海沿岸の草原地帯へと歩を進めた。そこから、現在のバルト三国付近の草原や西ユーラシアに到達するまで西へと突き進み、その地域を拠点としてさらに北や西へと移動していったのだ。今日ハプログループUのメンバーは、ヨーロッパや東地中海地域の人口において約七パーセントの頻度を見せている。

◆ハプログループ　U5

祖先系統：「イブ」↓L1／L0↓L2↓L3↓N↓R↓U↓U5

U5の全メンバーに共通する最も近い祖先は、ほかの集団から枝分かれして北を目指し、スカンディナビアへ到達した。ハプログループUという祖先から派生したものの、U5自体も推定五万年前に現れた古代系統だ。U5の持つ多様性は、スカンディナビア、特にフィンランドにほぼ限定される。おそらくフィンランド人集団の地理・言語・文化が持つ特筆すべき独立性の表れで、これによってU5の地理的分布は制限され、極度に孤立してしまったのだろう。スカンナディビア北部の遊牧民サーミ族は、U5系統を非常に高い頻度（約五〇パーセント）で保有している。このことから、北方地域への移動の際にU5系統が伝えられた可能性がうかがえる。

U5系統はスカンディナビア以外でも見つかるが、頻度はかなり低く、遺伝的多様性もより少ない。面白いことに、サーミ族に見られたU5系統は、モロッコ、セネガル、アルジェリアに住む北アフリカのベルベル人にも確認することができる。何千マイルも離れた場所に住む集団に、似たような遺伝系統を見つけるのは予期せぬ驚きだが、これは最終氷期が終わりを告げた一万五〇〇〇年ほど前の移動に起因していると思われる。

北アフリカでの存在に加え、U5に属する人々は近東にも二パーセントの頻度で散らばっている――ヨーロッパ諸地域の頻度と比べると五分の一ほどだ。ただし、アラビアにはまったく見られない。近東におけるU5の分布は主に、トルコ人・クルド人・アルメニア人・エジプト人など周辺の集団に限られる。こうした人々はヨーロッパで初めて発生した系統を持っており、近東での存在は、祖先が移動してきた道のりをなぞるように北ヨーロッパから南を目指したUターン組がもたらした結果と言える。

◆ハプログループ　U6

祖先系統：「イブ」↓L1／L0↓L2↓L3↓N↓R↓U↓U6

ハプログループU6の年代は五万年前ごろと推定されている。U6の人々は近東でハプログループUから枝分かれしたが、今では大多数が北アフリカに存在している。Uのほかのメンバーが北を目指しヨーロッパやスカンディナビアに進出したころ、この集団は地中海南岸を通って西へと向かった。現在U6は主に北アフリカで見つかり、人口の約一〇パーセントを構成している。

U6に見積もられた年代は、北アフリカの先住民となった人々が、後期旧石器時代に初めて欧州に移住したクロマニョン人と深いつながりがあったという自然人類学的見解と一致している。この集団は、厳しい気候や乾燥に耐えるための小屋を建設し、石・骨・象牙を用いた比較的高度な道具を扱っていた。装飾品、彫刻、そして複雑で色彩豊かな岩壁画は、人々が驚くほど発達した文化を持っていたことを証言してくれる。

最終氷期が終わると、U6の祖先たちはジブラルタル海峡を初めて横断したが、これによって北アフリカと西地中海地域の間に遺伝子流動が発生した。この両方向への動きが、主に北アフリカ人の系統であるU6を、西ヨーロッパの一部（スペイン南部やフランス）にもたらしたのだ。

Y染色体ハプログループ

◆ハプログループ　A

祖先系統：「アダム」↓M91

Y染色体全系統の中で最も高い多様性を誇るハプログループAは、M91という遺伝子マーカーを特徴とし、さかのぼることおおよそ六万年前に起源を持っている。遺伝的多様性は年を経るごとに増加するため、全人類最古の共通父系祖先「アダム」との遺伝的つながりを、M91に見いだすことができる。

現在、M91保有者の多くはエチオピア・スーダン・南部アフリカに住んでおり、遠い祖先たちの生活を象徴するような伝統文化を守っていることも少なくない。たとえばかつては全人類がそうしていたように、昔ながらの狩猟採集民社会に暮らす者もいるし、カラハリ砂漠のサン族やタンザニアのハザ族のように、古来の吸着音言語を保持する者もいるだろう。

ハプログループAの比較的最近の子孫には、そうでない人々も存在する。過去二〇〇〇～三〇〇〇年間にアフリカでバンツー文化が目覚ましい発達を見せたため、このような古代文化は著しく縮小してしまったのだ。

◆ハプログループ　B

祖先系統：「アダム」↓M60

M60を特徴とするハプログループBは、五～六万年前に起源を持つアフリカの古代系統である。大昔から伝わる多くの系統と同じく、Bも広範囲に拡散し、今日では大陸の至る所でさまざまなアフリカ人集団によって共有されている。各々独自な集団や文化は、ピグミーのアカ族やムブティ族に見られるように、それ自体とても古いことが多い。

◆ハプログループ　C

祖先系統：「アダム」↓M168↓M130

五万年ほど前、おそらく南アジアの地

で、M130という遺伝子マーカーを持った一人の男性が誕生した。彼の少し前の祖先は、初の出アフリカを果たした大きな移動の波を先導していた。彼らはアフリカの海岸線をたどり、アラビア半島南部、インド、スリランカ、東南アジアを通り抜けたのだ。集団の中には、最終的にトレス海峡を渡って遥かオーストラリアに移住した者もいた。こうした初期の移動集団は沿岸資源の利用に長けていたため、海岸の旅をしながら新しい技術を身につける必要もなく、オーストラリアへの移動はわずか五〇〇〇年以内に成し遂げられた。

この氏族の全員がオーストラリアにたどり着いたわけではない。多くは東南アジアの海岸地帯に残り、何千年もかけて徐々に北へ向かい内陸部へ浸透していった。彼らの子孫は今でも東アジア、とりわけモンゴルやシベリアに在住している。

過去一万年以内に、中国北部かシベリア南東部に住んでいた子孫の一グループが、小船に乗り込み環太平洋の沿岸航路を進んで北米に到達した。この移動説を裏付ける証拠となるのが、ナ＝デネ語族の分布だ。トリンギット語やナバホ語がその例で、北米の西半分だけに広がっている。特にカナダ西部やアメリカ南西部に住むナ＝デネ語話者の集団では、優に二五パーセントの男性がM130を保持している。

◆ハプログループ　C3

祖先系統：「アダム」→M168→M130→M217

遺伝子マーカーM217は、およそ二万年前、東アジアに住む古代集団の間に現れた。子孫たちは東アジアから西や南へ進み、M217を中央アジアへ運んでいった。

系図学者たちは、少なくとも一部分においては、この系統が一二～一三世紀に起きたチンギスハンの伝説的なモンゴル征服を通じて拡大したと考えている。中央及び東アジアに住む一六〇〇万人の男性（一〇人に一人、もしくは世界の男性人口の〇・五パーセント）がC3系統に属し、おそらくはこの共通祖先の流れを引き継いだものと思われる。

◆YAP　古代の突然変異

祖先系統：「アダム」→Y168→YAP

Y染色体上のAlu配列挿入多型（Y Alu Polymorphism）、略してYAPは、Alu挿入として知られる突然変異を特徴としている。Alu配列とは三〇〇塩基対の長さを持つDNA断片で、細胞複製中ごくまれにヒト遺伝子のさまざまな部分に挿入される。五万年ほど前に生きていた一人の男性は、Y染色体上にこのDNA断片を所有し、子孫へと伝えていった。

YAPはアフリカ北東部辺りで発生した集団に確認され、サハラ以南のアフリカに見られる古代三系統の中では最も一般的である。やがてYAP系統は、二つの異なるグループに枝分かれした。一つはハプログループDで、アジアに見つかりM174という突然変異マーカーに定義付けられている。もう一つはハプログループＥで、主にアフリカや地中海地域に存在し、遺伝子マーカーＭ９６を特徴としている。

◆ハプログループ　D

祖先系統：「アダム」↓M168↓YAP↓M174

ハプログループＣが第一波として初の出アフリカを果たしたころ、ハプログループＤの祖先たちはそれに同行したものと思われる。しかし専門家の中には、彼らが旅立ったのはもっと後だと主張する者もいる。Ｄ集団の一部は、今でも古代ルート、とりわけ東南アジアやアンダマン諸島に暮らしているが、インドには存在しない。

遺伝子分布はまた、ハプログループＤが最初にアフリカを出た後、二度の新たな移動があったことをも示している。一度目の移動で、祖先たちは東アジア沿岸を北上して日本へ入り込んだ。より最近の移動は過去数千年間に行われ、子孫たちをチベットやモンゴルに導いた。

◆ハプログループ　D1

祖先系統：「アダム」↓M168↓YAP↓M174↓M15

ハプログループＤ１の特徴となる遺伝子マーカーＭ１５は、三万年ほど前、おそらく東南アジアに初めてその姿を現した。父祖の系統を引いた子孫たちは北西に移動し、過去数千年の間にチベットへたどり着いた。チベットにはハプログループＤ１が最も高い頻度で見られるが、東南アジアにも依然として存在している。

◆ハプログループ　D2

祖先系統：「アダム」↓M168↓YAP↓M174↓P37・1

およそ三万年前、東南アジアの地で、Ｐ３７・１という遺伝子マーカーが初めて出現した。現在ハプログループＤ２を特徴付けているこのマーカーの保有者たちは、北へと歩を進め最終的には日本に到着したＭ１７４の子孫だということが分かっている。今日ハプログループＤ２が最も一般的なのはこの地で、いくつかの日本人集団には五〇パーセントの頻度で存在する。

◆ハプログループ　E

祖先系統：「アダム」↓M168↓YAP↓M96

遺伝子マーカーＭ９６は、三〜四万年前のアフリカ北東部に初めて発生したものの、その厳密な起源はいまだ明らかではない。確かなのは、およそ五万年前の出アフリカ第二の波に乗って、中東氏族と呼ばれる移動集団——主にＭ８９を持って生まれた男性の子孫（ハプログループＦ参照）——が大陸を旅立ったということだ。彼らは北を目指し、最終的には中東に落ち着いた。Ｅのメンバーは、この初期の旅で中東氏族に同行したのかもしれないし、中東氏族が旅した道のりをたどり、後に改めて独自の移動を遂行したのかもしれない。

◆ハプログループ　E3A

祖先系統：「アダム」↓M168↓YAP↓M96↓M2

E3a系統をこの世に送りだした男性は、およそ三万年前にアフリカで誕生した。彼の子孫は南へ移動し、サハラ以南のアフリカに落ち着いた。専門家の仮説によると、バンツー語話者がアフリカ中西部の故郷から拡散するのに伴って、このハプログループも過去二五〇〇年以内に西アフリカから東や南へ広がっていったらしい。現在E3aは、ナイジェリアやカメルーンの集団に七〇パーセント以上の頻度で見つかっている。アフリカ系アメリカ人において最も一般的な系統でもある。

◆ハプログループ　E3B

祖先系統：「アダム」↓M168↓YAP↓M96↓M35

二万年ほど前、遺伝子マーカーM35を持った男性が中東で生を受けた。彼の子孫は最初の農耕民集団として、農耕を中東から地中海地方へ広めるのに貢献した人々である。

約一万年前に最終氷期が終わると、気候は植物の生育をそれまでになく促進し、新石器革命に拍車を掛けた。人類はこの決定的な瞬間に、狩猟採集民の遊動的な生活から農耕民の定住生活へと生き方を変える。およそ八〇〇〇年前に始まった肥沃な三日月地帯における初期農耕の成功は、人口増加に火をつけ、地中海世界ほぼ全域への移動を助長した。

食料の供給源を確保することによって人類は転機を迎えた。三〇～五〇人で構成された小さな一族は極めて動きやすく、きっちりとした規則を持たずともまとまっていた。しかし農耕によって、文明を彩るさまざまな要素が初めてもたらされたのだ。一つの領土を占有すれば、さらに込み入った社会組織が要求される。小さな一族の結び付きは、大きな共同体の複雑な関係に変化していく。これによって取引、書き言葉、暦といった概念が育ち、定住を基盤とする近代的な社会や都市が出現しはじめた。

◆ハプログループ　F

祖先系統：「アダム」↓M168↓M89

遺伝子マーカーM89は、およそ四万五〇〇〇年前にアフリカ北東部または中東に発生し、現在では非アフリカ人男性の九〇パーセント以上が保有している。アフリカを飛びだした最初の集団は、沿岸ルートを通って最後にはオーストラリアへ到達したようだが、ハプログループFのメンバーは草原と豊富な獲物に導かれ、東アフリカから中東やその先に進んでいったようだ。彼らは出アフリカ第二の大波の立役者となったのだ。

M89を持つ子孫の多くは中東に残ったが、アンテロープやマンモスなど獲物の大群を追いつづけ、現在のイランを通り中央アジアの広大なステップ地帯へ向かった者もいた。こうした半乾燥の草原は、フランス東部から韓国へ伸びる古代の「超高速道路《スーパーハイウェイ》」を形成した。アフリカを出て北上し、中東へ入り込んだ祖先たちは、この中央アジアルートに沿って東西へと移動したのだ。別の小集団は中東から北へ進みアナトリアやバルカン諸国へ進出。彼らの慣れ親しんだ草原は森林や高地に取って代わった。

◆ハプログループ　Ｇ

祖先系統：「アダム」↓Ｍ１６８↓Ｍ８９↓Ｍ２０１

ハプログループＧに共通する遺伝子マーカーＭ２０１は、三万年ほど前に中東の東端沿い、おそらくパキスタンかインドのヒマラヤ丘陵地帯周辺で生まれた一人の男性に発生した。彼の子孫は数少なく、この辺りの集団で二〜三パーセント以上の頻度を見せることはほとんどない。新石器時代の農耕民が拡大するまで、Ｇのメンバーはインダス谷に暮らしていた。かつては、農耕民の進出によって、狩猟採集民族のＧは追放もしくは抹消されたとすら考えられていた。ところが現代のＤＮＡ研究により、人口密度の低い高原に住みながらも、Ｇの人々は農耕を学び、新石器文化を導入しながら、新しい時代の波を生き抜いたことが明らかになっている。ハプログループＧには、三つの兄弟グループ、Ｈ・Ｉ・Ｊが存在する。これらはすべて二〜三万年前に出現したらしく、彼らが拡散した原因の少なくとも一つには、農耕の普及が関係していたようだ。

◆ハプログループ　Ｇ２

祖先系統：「アダム」↓Ｍ１６８↓Ｍ８９↓Ｍ２０１↓Ｐ１５

Ｐ１５はおよそ三万年前に出現し、今ではハプログループＧ２を特徴付ける遺伝子マーカーとなっている。Ｇ２系統は中東で発生したが、Ｐ１５を保持した子孫たちは西へ進み、現在のトルコを通ってヨーロッパ南東部へ広がった。こうした移動の大半は、一万五〇〇〇年以上前、最終氷期極大期にヨーロッパの大部分が氷床で覆われる前に行われたものである。

氷床が一番広がっていたころ、より温暖なレフュジアの外で生活していた人々は生き延びることができず、そのため事実上遺伝子プールから姿を消してしまった。これによって生き残った集団の遺伝的多様性は減少してしまったが、実際このような運のいい系統は、後に続く世代において高頻度を確立した。

氷河がようやく遠ざかると、Ｇ２系統は北や東へ広がり、再びヨーロッパに移住した。こうした移動の形跡は、西ユーラシアにおけるＰ１５の存在からたどることができる。

◆ハプログループ　Ｈ

祖先系統：「アダム」↓Ｍ１６８↓Ｍ８９↓Ｍ６９

ハプログループＨの祖先たちは約四万五〇〇〇年前に中東を発ち、草原のスーパーハイウェイ沿いを移動してインドへと進んでいった。およそ三万年前、この旅の途中で一人の男の子が誕生する。赤ん坊の生まれ持ったM69という遺伝子マーカーが、やがてこの新しい系統を定義付けるようになった。M69は「インド人マーカー」として知られているが、この始祖が生を受けた地は中央アジア南部だと思われる。彼の子孫たちは、インド内陸部に住み着いた最初の主要な移動集団の一要素となった。

遺伝学者たちは、ハプログループHの起源地が、M20というY染色体マーカーを持った人々（ハプログループL参照）の移動ルートと重なっていたのではないかと考えている。この系統も、中東から草原のスーパーハイウェイを通り、南下してインドへ入ってきた。

インドに到達した最初の人類ではなかったものの、彼らは三万年ほど前、この地域に初めて大掛かりな定住を果たしたと思われる。最初の出アフリカ集団は、今から五～六万年前にインド沿岸の旅路を行き、一部はそのまま沿岸ルートに落ち着いた。一方ハプログループHのメンバーは、南下しながら主に内陸部の人口を形成していった。

◆ハプログループ　H1

祖先系統：「アダム」↓M168↓M89↓M69↓M52

ハプログループH1に特有な遺伝子マーカーM52は、主としてインド人系統を表している。このマーカーが最初に出現したとされるのは二万五〇〇〇年前のインドである。今から五～六万年前にアフリカ人移住者の波がインド沿岸に押し寄せたずっと後に、M52は第二の大きな人類移動の波に乗ってインドに流入した。

ハプログループH1の祖先は、北は中東から旅をしてきたらしく、インドに初の本格的な入植を果たしたと考えられている。その後H1はインド全域に素早く定着し、後の世代まで順調に伝えられた。

今日H1は、いくつかのインド人集団では二五パーセントもの頻度で見られる。イランや中央アジア南部の多くの地域には、より低い頻度で存在する。

◆ハプログループ　I

祖先系統：「アダム」↓M168↓M89↓M170

ハプログループIの祖先となった中東氏族M89の一派は、北西へ移動を続けてバルカン諸国に突入し、最終的には中央ヨーロッパへと広がっていった。彼らは二万一〇〇〇～二万八〇〇〇年ほど前に、西ヨーロッパにグラヴェット文化をもたらした中心人物だと考えられている。

フランスのラ・グラヴェットで見つかった遺跡から名付けられたグラヴェット文化は、西ヨーロッパで人類の技術や芸術に新たな発達段階が訪れたことを示している。考古学者たちは、前の時代（オーリニャック文化）とは異なる道具類を発見した。これらの石器は特徴的な細く鋭い刃を持っており、大きな獲物を仕留めるために使われていたようだ。グラヴェット文化はまた、「ヴィーナス」と呼ばれるお腹の大きな女性の肉感的な彫刻でも知られている。手のひら大のものが多いこの小さな彫像は妊婦のようでもあり、繁殖のシンボルとしてあがめられていたのかもしれないし、厄除けもしくは女神の象徴として用いられていたのかもしれない。

　こうした初期のヨーロッパ人祖先は集団狩猟の技術を持ち、貝殻で装飾品を作り、マンモスの骨で家を建てた。近年の発見により、彼らが二万五〇〇〇年も昔に天然繊維を用いて衣類を織る方法を発明していたことが示唆されている。それまで織物の始まりは、農耕の出現とほぼ同時期、一万年くらい前と推定されていた。

　遺伝子マーカーM170をもたらした最も新しい共通父祖は、およそ二万五〇〇〇年前に誕生した。彼の子孫は後に氷河期最後の一撃を受け、バルカン半島やイベリア半島といった退避地での孤立を余儀なくされた。ヨーロッパの大域を覆い尽くした氷床が後退しはじめると、子孫たちは中央及び北ヨーロッパへの再移民において中心的な役割を果たしたと思われる。

◆ハプログループ　I1A

祖先系統：「アダム」↓M168↓M89↓M170↓M253

　二万年ほど前、この集団は多くのヨーロッパ人と同じように、大陸のほとんどを覆っていた最終氷期の巨大な氷床から逃れる場所を探し求めていた。彼らが見つけたのは、イベリア半島の温暖なレフュジアだった。

　地理的に隔絶されている間、この祖先系統からM253という独特な遺伝子マーカーを持った男性が出現した。地球の気温が上がり、氷期最盛期が過ぎ去った一万五〇〇〇年前ごろ、レフュジアの居住者たちは半島を脱出し、ヨーロッパのほかの地域に再び居住地を求めた。こうして彼らは、ハプログループI1aの特徴となった独自の遺伝子マーカーを運んでいったのだ。

　今でもこのマーカーは、ヨーロッパ北西部の至るところで一般的に見られる。スカンディナビア西部で高頻度を示していることから、多くのヴァイキングが彼らの直系の子孫だと考えられる。ヴァイキングのイギリス諸島襲撃は、英国にもこの系統が散在していることの説明になるだろう。

◆ハプログループ　I1B

祖先系統：「アダム」↓M168↓M89↓M170↓P37・2

　ハプログループI1bは、P37・2と呼ばれる遺伝子マーカーによって決定付けられる。このマーカーは約一万五〇〇〇年前にバルカン半島に現れ、今日まで最も高い頻度を保っている。また、最終氷期最盛期にバルカン半島のレフュジアに移住した古代人類集団の特徴的なマーカーでもあるようだ。

　氷河がようやく後退すると、I1b系統は遺伝子マーカーP37・2を従えて北や東に広がり、ヨーロッパへ流れ込んだ。中央・東ヨーロッパにおけるP37・2の際立った存在に、こうした旅路の足跡が見て取れる。紀元前一〇〇〇年期に起こったケルト人の拡大も、この系統の普及に貢献したのかもしれない。

◆ハプログループ　J

祖先系統：「アダム」↓Ｍ１６８↓Ｍ８９↓Ｍ３０４

　ハプログループＪの父祖は、およそ一万五〇〇〇年前に肥沃な三日月地帯で生まれた。現在のイスラエル、ヨルダン川西岸地区、ヨルダン、レバノン、シリア、イラクを包含する一帯である。

　今日Ｍ３０４は、中東、北アフリカ、エチオピアに最も高い頻度で見つかっているが、ヨーロッパでは地中海地方に見られるのみだ。

　初期農耕の成功はＪ系統の人口を急増させ、地中海世界ほぼ全域への移動を促した。事実上ＪとそのサブグループＪ２は、合わせてユダヤ人の約三〇パーセントという頻度を示している。

◆ハプログループ　J1

祖先系統：「アダム」↓Ｍ１６８↓Ｍ８９↓Ｍ３０４↓Ｍ２６７

　ハプログループＪ１は、新石器革命とともに中東に姿を現した。Ｊ１氏族のメンバーは、ほかのＪ系統と同じく、農耕による成功を収めている。とりわけ北アフリカへ帰還した人々の繁栄は、現在Ｊ１の頻度が最も高いのがその地であるという事実からも明らかだ。遺伝子マーカーＭ２６７という特徴を持つＪ１の残りのメンバーは、中東にとどまった。中には北を目指し西ヨーロッパへ入り込んだ者もおり、今なおＪ１を低い頻度で確認することができる。

◆ハプログループ　J2

祖先系統：「アダム」↓Ｍ１６８↓Ｍ８９↓Ｍ３０４↓Ｍ１７２

　Ｍ１７２はハプログループＪの主要な下位集団で、Ｍ８９系統から派生している。現在ハプログループＪ２は、北アフリカ、中東、そして南ヨーロッパに存在する。イタリア南部では二〇パーセント、スペイン南部では人口の一〇パーセントがこの遺伝子マーカーを保有している。

◆ハプログループ　K

祖先系統：「アダム」↓Ｍ１６８↓Ｍ８９↓Ｍ９

　約四万年前、イランか中央アジア南部に生まれた男性に初めて発生したＭ９は、中東氏族Ｍ８９から分岐した新しい系統の特徴となった。以後三万年間、彼の子孫たちは地球上のほとんどの場所に居住地を広げることになる。

　ユーラシア氏族と呼ばれるこの大きな系統は、非常に長い時間をかけて分散していった。熟練した狩人たちは獲物の群れを追い、ユーラシアステップ地帯の広大なスーパーハイウェイ沿いを可能な限り東へ前進した。しかし、彼らの行く手はやがてヒンズークシ、テンシャン、ヒマラヤといった中央アジア南部の壮大な山脈に阻まれてしまう。

　三つの山脈は、現タジキスタンに位置

するパミール高原の真ん中で合流している。ここで狩猟民たちは二つの集団に分裂。北へ向かった集団は中央アジアに進出し、南へ向かった集団は現在のパキスタンやインド亜大陸に行き着いた。パミール高原で分かれた二つの移動経路からは、さらにさまざまな系統が発生した。北半球で生まれた男性のほとんどは、このユーラシア氏族に起源を持っている。大多数のヨーロッパ人や多くのインド人同様、北米や東アジアに住むほぼすべての人々は、M9を初めて持った男性の子孫なのだ。

◆ハプログループ　K2

祖先系統：「アダム」→M168→M89→M9→M70

M9の子孫たちがみなパミール高原という難関に立ち向かったわけではない。中には近東の比較的豊穣《ほうじょう》な環境にとどまった者もいた。およそ三万年前、その地でM70が発生した。ハプログループK2の特徴となった遺伝子マーカーである。ハプログループK2の古代メンバーは、地中海世界の至る所に拡散していった。西を目指し、北アフリカや南ヨーロッパの地中海沿岸を移動したのだ。こうした動きは、M70がフェニキア人のような地中海の貿易商人によって運ばれたという興味深い可能性を示唆している。彼ら船乗りたちが紀元前一〇〇〇年紀に築きあげたおそるべき交易帝国は、故郷である現レバノンの海岸から西へ広がり、地中海全域で繁栄した。今日M70は地中海沿岸各地に見られるが、中東とアフリカ北東部で最高頻度（約一五パーセント）を示している。また、スペイン南部やフランスにも存在する。

◆ハプログループ　L

祖先系統：「アダム」→M168→M89→M9→M20

ユーラシア氏族M9のある一群は、パミール高原の険しい山あいに到達するや南を目指した。この集団の特徴となる遺伝子マーカーM20の持ち主は、おそらくインドか中東で誕生したようだ。彼の祖先は今から三万年ほど前にインドへ到達し、初の大規模な移住者となっていた。ハプログループLがインド氏族として知られているのはこのためだ。インドへ最初に到着した人類ではなかったものの、今では南インド人男性の半数以上がM20を保有し、ハプログループLに属している。

◆ハプログループ　M

祖先系統：「アダム」→M168→M89→M9→M4

氷河期の凍り付くような寒さが緩んだころ、M4の祖先たちは東南アジアの海岸線へと向かっていった。この遺伝子マーカーを最初に保有した男性は一万年前ごろに生まれたと思われるが、確実ではない。今日では、主にメラネシア、インドネシア、より少ないところではミクロネシアに住む人々が保持している。

M4は、稲作の普及とともにこの地域の島々に広がったものと思われる。中東と現在の中国では、いくつかの植物種が定着し、本格的に利用されるパターンがよく似ており、また同じような年代に起きている。中国北部の遺跡には約七〇〇〇年前にキビ栽培が始まった形跡があり、四〇〇〇年前までにはボルネオ島やスマトラ島といったインドネシアの島々に稲作が広まっていたようだ。

遺伝学的検証から、稲作技術は単に集団から集団へ伝えられたというよりも、長い航海の末列島にたどり着いた渡航者たちが持ち込んだものと示唆される。こうした珍しい系統についてより多くを学ぶことは、ジェノグラフィック・プロジェクトの主要な目的でもある。

◆ハプログループ　N

祖先系統：「アダム」↓M168↓M89↓M9↓LLY22G

ハプログループＮの特徴となる遺伝子マーカーＬＬＹ２２Ｇを生まれ持ったのは、パミール高原を通り北へ移動したユーラシア氏族の一員だった。この男性は、今から一万年以内にシベリアで誕生したようだ。彼の子孫たちが歩んだ道のりは、事実上過去数千年間に起きたウラル諸語話者の移動からたどることができる。この系統は世代を通じて各地に散らばり、現在では北アジアだけでなくスカンディナビア南部にも見られるようになった。

ウラル諸語を話す人々の文化は極めて多様である。北ヨーロッパに住む話者のほとんどは狩猟民や遊牧民として生活してきたし、ハンガリー人は最初期の歴史をたどると草原地帯の騎馬遊牧民族だった。北の果てに住む多くのロシア人も、ハプログループＮに属している。

スウェーデン北部、ノルウェー、フィンランド、そしてロシアの先住民族であるサーミ族は、大昔から狩りや漁で生活を支え、トナカイの群れを追って移動した。今日まで残っているサーミ人はわずか八万五〇〇〇人ほどである。このように小さな先住民コミュニティは、産業が居住環境を縮小していくにつれ、社会の本流に飲み込まれてしまうだろう。ジェノグラフィック・プロジェクトのような企画は、彼らの遺伝子データを入手し、ハプログループＮについての研究を進めるための最後のチャンスとなるかもしれない。

◆ハプログループ　O

祖先系統：「アダム」↓M168↓M89↓M9↓M175

三万五〇〇〇年ほど前、Ｍ１７５という遺伝子マーカーを携えた一人の男性が、中央もしくは東アジアで生を受けた。越えることのできない山脈に直面し、北や東に移動したユーラシア氏族Ｍ９から派生したのだ。彼ら初期シベリア狩猟民たちは、ステップ地帯を東へ進み、徐々に南シベリアへ広がっていった。また、数千年後にチンギスハンが中央アジア侵略に利用したジュンガル盆地を制した者のみが、現中国への道のりを許されたものと思われる。

ハプログループＯの祖先たちが中国や東アジアに到達するころには、最終氷期はほぼピークに達していた。忍び寄る氷床や中央アジアの広大な山脈によって、事実上東アジアに閉じ込められた彼らは、数千年の間孤立して進化を続けた。今日、中央アジア東部の山並みに暮らす住民の八〇～九〇パーセントほどは東アジア氏族Oに属しているが、西アジアやヨーロッパにM175はほとんど存在しない。

この地域には実のところ、移動の波が二度訪れている。M175は北からの移住を果たしたが、別の集団は南からやって来ていた。この最初の移動集団の子孫たちは、アフリカ脱出後、今から五万年ほど前に東アジアに到着していたようだ。彼らの系統はアジア北東部一帯でも一般的だが、モンゴルでは五〇パーセントの頻度で見つかっている。

◆ハプログループ　O1A

祖先系統：「アダム」↓M168↓M89↓M9↓M175↓M119

ハプログループO1aは、三万年ほど前に中国南部か東南アジアに初めて現れた遺伝子マーカーM119を特徴としている。O1aのメンバーは後に東南アジアのほぼ全域に広がり、現在でもその子孫たちはそこに多数とどまっている。M119を保持した別の集団はアジアを東へ進み、はるばる台湾への旅路をたどった。O1aは約五〇パーセントの頻度で、複数の台湾先住民族に存在する。

◆ハプログループ　O2

祖先系統：「アダム」↓M168↓M89↓M9↓M175↓P31

約三万年前、現在ハプログループO2を特徴付けている遺伝子マーカーP31が初めて世に現れた。生みの親となった男性は東アジア、おそらく中国南部に住んでおり、彼の子孫は、南は東南アジア、東は韓国、北は日本へと枝葉を広げていった。この典型的なアジア人ハプログループは、現在マレーシアやタイのような東南アジア諸国に最も多く存在している。

◆ハプログループ　O3

祖先系統：「アダム」↓M168↓M89↓M9↓M175↓M122

遺伝子マーカーM122の父祖は、おそらく中国か東南アジアで誕生した。広範囲な分布――中国男性の半数以上が彼に由来している――から、子孫たちの拡散と農耕の普及が密接に関連している事実が強く示唆される。ハプログループO3のメンバーは、中国で最初に稲作を始めた人々の子孫だと思われる。東アジアにおける稲作の発達は人口急増の引き金となったようだ。日本・台湾・東南アジアに稲作が普及した考古学的証拠は遺伝子データと符合しており、このマーカーを持った独自の集団が地域全体に拡散したことを示している。

◆ハプログループ　P

祖先系統：「アダム」↓M168↓M89↓M9↓M45

M45は、およそ三万五〇〇〇年前に

中央アジアで生まれた一人の男性に発生した。この男性は、ヒンズークシ山脈の北へ移動後、現カザフスタン、ウズベキスタン、そして南シベリアといった獲物の豊富なステップ地帯へ広がったユーラシア氏族M９の子孫である。

大きな獲物には事欠かなかったものの、最終氷期に氷床が拡大しはじめるにつれ、ユーラシアのステップ地帯は厳しい居住環境になっていった。降雨量の減少が南の草原に砂漠のような状態をつくりだした可能性から、この集団は北へ獲物を追っていくしかなかったようだ。

このような過酷な状況で生存すべく、彼らは動物の皮で出来た携帯宿泊施設を作り、武器を強化し、より寒冷な地域で出くわす大型動物を仕留める技術を改良する方法を学んでいった。骨や木でできた柄に装着できる小さな先端や刃――細石器――で石材の不足を補った。道具の中には動物の皮を縫うための骨製の針もあり、それで作った衣類は寒さを防ぐだけでなく、トナカイやマンモスを狩るのに必要な身体の動きにぴったりなじんだ。この氏族が持つ才知や適応能力は、それまでほかのヒト科生物が住んでいた形跡のないシベリアで最終氷期を生き延びるための決定的な役割を果たしたのだ。中央アジア氏族M４５はさらに発展し、ヨーロッパ人の大半と、先住アメリカ人男性ほぼ全員の生みの親となった。

◆ハプログループ　Q

祖先系統：「アダム」→M168→M89→M9→M45→M242

遺伝子マーカーM２４２は、約一万五〇〇〇～二万年前にシベリア酷寒の地で一人の男性とともに誕生した。彼の子孫たちは、北米大陸への初の遠征隊となった。いてつく寒さをものともせず、シベリア氏族の一派はツンドラの不凍地帯をじわじわと前進し、東シベリアへ進んだ。そうしてアジアの北東端にたどり着くころには、新世界への道が開かれていたというわけだ。

彼らが実際そこへ突入したのは、約一万五〇〇〇年前のことだった。地球上の水分はどんどん氷床に閉じ込められ、海水位は現在より一〇〇メートルほど低くなっていた。その結果、ベーリンジアと呼ばれる陸橋が現在のシベリアとアラスカをつなぎ、米大陸移住への通過点をつくりあげたのだ。

人類がもっと早く、二万年以上前に米大陸に到達した可能性について議論が持ち上がっているが、遺伝子データはベーリング陸橋横断に関する考古学的証拠と一致して、一万五〇〇〇年前説を支持している。

ハプログループQのメンバーは、米大陸を南下しつづけた。氷床が大陸の広範囲を覆っていたその時代、彼らがどのように道を切り開いていったのかは謎のままだ。最近の気候学・地質学的検証は、ロッキー山脈に顔をのぞかせた無氷回廊が、移動を無事に行わせた事実を示唆している。

別の可能性としては沿岸ルートも考えられる。シベリア氏族の中にはアジアにとどまった者もいたが（M２４２は、シベリア以外にもインドや中国で見つかっている）、アメリカ先住民の圧倒的多数はQ氏族の子孫である。

◆ハプログループ　Q3

祖先系統：「アダム」↓M168↓M89↓M9
↓M45↓M242↓M3

米大陸に初の遠征隊がたどり着いた直後、M３という新しい遺伝子マーカーが発生した。一万～一万五〇〇〇年前に北米で生まれたこのマーカーの持ち主は、両アメリカ大陸で最も広範囲に拡散した系統の父祖となった。南米先住民のほぼすべてと北米先住民の大半が、この系統を受け継いでいる。

北米移民の第一波となったシベリア氏族の末裔はアジア・アメリカ双方で見つかっているが、Q３の末裔はアメリカにしか存在しない。このことから遺伝学者たちは、彼らの共通祖先が生まれたのは、一万～一万五〇〇〇年前にベーリング陸橋が再び水中に沈んだ後だと考えている。

ロッキー山脈沿いの無氷回廊を通ったにせよ、海岸線をたどったにせよ、この集団は南へと移動を続け、一〇〇〇年のうちに南米大陸の入り口までたどり着いた。凍えるような寒さに支配された過酷な生活の末、旅人たちはようやく十分な食料と天然資源にありついたのだ。当初シベリアから北米に渡った人数は一〇～二〇人程度と思われるが、豊富な獲物は人類集団の大幅な増加を導いた。

◆ハプログループ　R

祖先系統：「アダム」↓M168↓M89↓M9
↓M45↓M207

中央アジアで少なからぬ時間を過ごしながら、劣悪な環境を生き抜き新しい資源を開発する腕を磨いた後、中央アジア氏族の一派は西を目指し、ヨーロッパ亜大陸へと向かった。

Y染色体にM２０７という新しい突然変異を蓄えたこの氏族の子孫は、最終的に二つの異なる集団に分裂する。一つ目の集団はヨーロッパ亜大陸まで西への前進を続けたが、もう一つの集団は南へ方向を変え、最後にはインド亜大陸で旅を終えた。言語学・考古学的証拠は、過去一万年以内にアジアのステップ地帯からインドへ大規模な移住があったことをほのめかしており、遺伝子分布はそれを裏付けている。しかしながら、この第二グループの古代移動や、そこから発生した各遺伝系統の分布については、記録されているデータの少なさからいまだ謎の部分が多い。

◆ハプログループ　R1

祖先系統：「アダム」↓M168↓M89↓M9
↓M45↓M207↓M173

ハプログループR１のメンバーは、ヨーロッパに初めて大規模な移住を果たした人々の子孫である。彼らの系統は遺伝子マーカーM１７３に特徴付けられ、M２０７を保有する中央アジアステップ地帯の狩人たちと西方への旅をともにした。M１７３の子孫たちはおよそ三万五〇〇〇年前にヨーロッパにたどり着くや、その足跡を飛躍的に広げた。彼らの到着後まもなく、ネアンデルタール人の時代は終焉を迎える。より賢く機知に富んだ現生人類Ｍ１７３は、氷河期の乏しい資源をネアンデルタール人から奪い取り、最終的には絶滅に至らせたのだ。

この系統の長き旅路は、当時の氷河のすさまじさにさらなる影響を受けることになる。人類はスペイン、イタリア、バルカン諸国といった南方のレフュジアに追い込まれた。時を経て氷床が後退すると、彼らは孤独なレフュジアを飛びだして北進し、その道筋にＭ１７３の濃く揺るぎない痕跡を残していった。たとえば今日では、スペインやイギリス諸島にとても高い頻度をとどめているが、それはイベリアの退避地で最終氷期を切り抜けたＭ１７３の子孫が自らの遺伝子マーカーを運んだ結果なのだ。

◆ハプログループ　R1A1

祖先系統：「アダム」↓Ｍ１６８↓Ｍ８９↓Ｍ９↓Ｍ４５↓Ｍ２０７↓Ｍ１７３↓Ｍ１７

今から一万～一万五〇〇〇年前、現在のウクライナかロシア南部で、ヨーロッパに起源を持つ一人の男性が誕生した。彼の子孫となった遊牧民たちは、Ｍ１７という遺伝子マーカーを、草原地帯から最終的にはインドやアイスランドといった遠隔地まで運んでいった。考古学者たちは、この集団が最初に馬を家畜化し、それによって長距離の移動がさほど難なく行われたのではないかと推測している。

遺伝学的・考古学的証拠に加え、言語の広がりからもＲ１ａ１が先史時代に行った移動の経路をたどることができる。彼らの子孫が広めたと考えられているインド＝ヨーロッパ語は、世界で最も広く話されている諸語で、英語・フランス語・ドイツ語・ロシア語・スペイン語のほか、ベンガル語やヒンディー語などのインド語派を含む非常に多くの言語を包含している。多くのインド＝ヨーロッパ語は、動植物・道具・武器を表現する言葉に共通性がある。

遺伝学者の中には、ロシア南部やウクライナを放浪する騎馬遊牧民であるクルガン人が、五〇〇〇～一万年前にインド＝ヨーロッパ祖語を最初に使用し広めたという説を唱える者もいる。遺伝子データやインド＝ヨーロッパ語話者の分布は、文化の特色である古墳《クルガン》にちなんで名付けられたこの集団が、Ｍ１７の子孫である可能性をほのめかしている。

今日、チェコからステップ地帯を横切りシベリアに至る一帯や、南は中央アジアまでの地域に住む男性は、かなりの確率――約四〇パーセント――でこの氏族に由来している。インドでは、ヒンディー語を話す集団において約三五パーセントの男性が遺伝子マーカーＭ１７を保有しているが、ドラヴィダ語を話す人々が住む近隣地域では約一〇パーセントしか見られない。この分布は、アジアのステップ地帯からインドへの移動が過去一万年以内に起こったことを示す言語学的・考古学的証拠に、より信憑性を与えている。

Ｍ１７は、中東男性のわずか五～一〇パーセントにしか存在しない。これは、インド＝ヨーロッパ語の主要言語であるペルシア語を話すイラン人集団についても言える。頻度こそ低いものの、M17を持つイラン人男性の分布は、気候条件、言語の広がり、そして特定の遺伝子マーカーを見分ける技術が結び付けば、各遺伝系統の移動パターンを明らかにすることができるという顕著な例を示してくれる。イラン西部にはインド＝ヨーロッパ語氏族は少なく、男性の五～一〇パーセントにしか及ばないが、東部では約三五パーセントの男性がM17を保持している。この分布は、広大なイラン砂漠が手ごわい障壁となり、二集団の交流をほぼ不可能にしていたことを示唆している。

◆ハプログループ　R1B

祖先系統：「アダム」↓M168↓M89↓M9↓M207↓M173↓M343

ヨーロッパへ旅立ったR1氏族の子孫から、およそ三万年前、ハプログループR1bを特徴付ける遺伝子マーカーM343が発生した。彼らは、人類集団が

ヨーロッパに拡大する際、中心的役割を果たしたクロマニョン人直系の子孫である。クロマニョン人が描いた有名な洞窟壁画がフランス南部で見つかっており、人類がヨーロッパへ進みながら芸術の才を開花させていったという考古学的証拠を示している。

これに先立つ芸術的試みとしては、貝殻・骨・象牙で作った装飾品や、初期の楽器、石の彫刻などが挙げられる。洞窟壁画には動物や、春の換毛期・狩り・受胎といった旧石器時代の生活に重要な事象が描かれた。これほどまでに複雑かつ詳細で色鮮やかな描写は、先の時代には類を見ないものであった。

◆ハプログループ　R2

祖先系統：「アダム」↓M168↓M89↓M9↓M207↓M124

二万五〇〇〇年ほど前、中央アジア南部に生まれた一人の男性が、M124という新たな遺伝子マーカーを身につけた。彼の子孫たちは、今のパキスタンや遥か東の現インドまで居住地を広げていった。今日では、インド北部、パキスタン、中央アジア南部に五～一〇パーセントの頻度で見つかっている。

R2系統は、インドへ移住した第二の大規模集団に属しているが、今から五～六万年前にアフリカを脱していた集団が第一波としてインドへ到着してからは、長い時間がたっていた。

ハプログループR2のメンバーは、東ヨーロッパに住むジプシーの集団にも存在する。R2の遺伝子は、彼ら流浪の民をインド亜大陸の起源へと結び付けているのだ。

こうした古代移動や遺伝系統の分布はいまだ謎めいており、科学者たちはこのハプログループの歴史をひもとくためより多くのデータを探し求めている。

付録2

用語の解説

Glossary

▲DNA（デオキシリボ核酸）
Deoxyribonucleic Acid

各個体の遺伝情報を含有した二重らせん構造の分子。DNAは糖、リン酸、そして四つのヌクレオチド塩基、アデニン（A）・シトシン（C）・グアニン（G）・チミン（T）から成り立っている。塩基はそれぞれ決まった相手と結合する。

▲X染色体・Y染色体
X and Y Chromosomes

性を決定付ける二種類の染色体。男性はX・Y両方の染色体を持っているが、女性が持つのはX染色体のみ。染色体が対を成すときにぴったりな相手を見つけられないY染色体は、男性性の決め手となる。Y染色体のほとんどは生殖時にX染色体と交差しない。Y染色体の組み換えられていない領域には、父親から息子へ代々引き継がれるほぼ不変のDNA配列が含まれており、人類の歴史を探る集団遺伝学者にとっては有用な道具となっている。

▲一塩基多型（SNP）
Single Nucleotide Polymorphism

このまれで小規模な変化は、各個人に特有のDNAパターンを形成する一助となる。DNA複製のときにちょっとしたスペルミスで一塩基（A・C・G・T）に変異が起きると、ゲノム配列が変化する。

▲遺伝
Heredity

人類が世代ごとに伝える全遺伝情報。

▲遺伝子
Gene

DNAの一部分で、遺伝にかかわる最小の機能単位。特定の染色体の決まった位置にある一定順序の化学塩基配列によって定められる。遺伝子はタンパク質生成を導く「設計図」として、それぞれの体細胞の働きを決定する。また、遺伝子が受け継がれることにより、動物は他種とは違う身体的形質を保ちつづけることができる。

▲遺伝子マーカー Genetic Marker

ＤＮＡ配列に無作為に発生した突然変異で、遺伝子の道しるべ的な役目を果たす。ひとたびマーカーが識別されれば、時をさかのぼり、その起源——同じマーカーを持ったすべての人々の最も新しい共通祖先——をたどることができる。

▲塩基 Base

ＤＮＡを構成する化学成分アデニン・シトシン・チミン・グアニンのことで、それぞれＡ・Ｔ・Ｃ・Ｇと略される。これらの塩基は対を成し、二重らせんというはしご状の構造をつくりあげる。ＡはＴと、ＣはＧとしか結合しない。

▲塩基配列決定 Sequencing

特定のＤＮＡ断片や遺伝子を構成するヌクレオチドの結合順序を決定すること。ＤＮＡ鎖における塩基対の配列は、合成するタンパク質の種類、すなわちその細胞の機能を定める役割を持つ。

▲核 Nucleus

細胞内の染色体が存在する部分。

▲組み換え Recombination

父親と母親が子のＤＮＡを半分ずつ持ち寄り、遺伝的にまったく新しい個体をつくりあげるプロセス。この過程で遺伝子のシグナルが混ざり合ってしまうため、組み換えをせず原型のまま代々受け継がれるＤＮＡは、集団遺伝学の分野では最も貴重な試料となる。

▲形質 Trait

目の色や鼻の形など、受け継がれた遺伝子によって決まる身体的特徴。

▲系図学 Genealogy

家族の家系を明らかにし、家系図を作成する学問。

▲ゲノム Genome

ＤＮＡの全塩基配列。人体の持つすべてのタンパク質を生成する説明書の働きをする。一つの体細胞に二組のゲノムが含まれる。

▲細胞 Cell

独自に機能する生命体最小の構造単位。

▲集団遺伝学 Population Genetics

生物集団内における遺伝的多様性を研究する学問の分野。

▲性淘汰 Sexual Selection

生物の繁殖能力に基づいた特殊な形の自然淘汰。動物の中には、交配相手候補をより引き付ける特徴を持つものがいる。独特な羽を持つ雄鳥などがその例だ。そうした特質に恵まれた個体は、そうでないものよりも高い確率で交尾を行うことができ、次世代ではより多くの子孫たちが確実にその魅力的な形質を受け継ぐ。世代が増えるにつれ、魅力的な形質はますます普及し、それを持たない個体の性的デメリットは一層増していく。この作用が特に著しいのは、一個体が多数の配偶者候補との交配を支配しているケースだ。

▲染色体 Chromosome

ＤＮＡを細長いひも状にまとめたもので、遺伝子を含んでいる。ヒトの細胞に存在する二三対四六本の染色体は、それぞれ父親と母親から受け継いだものがペアになっている。

▲タンパク質 Protein

細胞の構成要素となるアミノ酸の線状配列。どのタンパク質も、ＤＮＡが持つ「設計図」に定められた特定の機能を果たしている。

▲チャールズ・ダーウィン Charles Darwin

現代進化論の基礎を築いた人物。チャールズ・ダーウィンによる一八五九年の著書『種の起源』は、自然淘汰による進化論を発展させ、ビクトリア朝にはびこっていた人類の宇宙における役割に対する概念を揺るがした。自然界の絶え間ない進化を基盤としたダーウィンの学説によると、種はどの世代も生存競争を繰り広げてきたのだという。生存者は不運な親類に勝る利点を生まれ持ち、その特徴を子孫へと伝えていった。その結果、有利な遺伝子型が次世代に多く現れたのだ。ダーウィンはまた、個々の種が共通の祖先から分化したという説を唱えた。まさに現代進化論の礎となるべく偉業を果たしたのである。

▲二重らせん Double Helix

らせん階段やねじれたはしごにも似たＤＮＡの形態。階段の手すり部分（外側の枠）は糖とリン酸で出来ており、階段部分（内側）にはＡ・Ｃ・Ｇ・Ｔが結合した塩基対が連なっている。ＤＮＡ複製のために細胞分裂が起こると、このらせんがほどかれ、ファスナーが開くように真っ二つに分かれてコピーを開始する。

▲ヌクレオチド Nucleotide

ＤＮＡの構成要素。はしご一段の半分である一つの「塩基」と、手すり部分の「糖」、「リン酸」から成り立っている。ヌクレオチドが結合すると、ＤＮＡの特徴である二重らせんが形成される。

▲ハプログループ Haplogroup

初期の人類移動と遺伝子進化を表す系統樹の枝々。Ｙ染色体やｍｔＤＮＡ分析で見つかる突然変異、すなわち「遺伝子マーカー」によってハプログループが決まる。こうした遺伝子マーカーは、それを最初に身につけた最も近い共通祖先に、ハプログループのメンバーを結び付ける。ハプログループは地理的な関連性を持つことも多い。

▲ハプロタイプ　Haplptype

各個人が持つ既知の遺伝子マーカーの組み合わせ。遺伝子マーカーが一つでも異なると違うハプロタイプに区別される。

▲複製　Replication

真ん中で分かれた二本のDNA鎖が、それぞれ新しい鎖の複写を促すプロセス。生殖の過程でDNAの二重らせんがほどけ、次世代に遺伝情報を受け渡すためのコピーが行われる。塩基はいつも決まった対を成すため（AとT・CとG）、各鎖の塩基配列に新たに結合するのはそれに適合する塩基となる。間違いが起こるのはごくまれで、一〇億塩基対に一つほどの割合だ。

▲ミトコンドリア　Mitochondria

古代の寄生性バクテリアの名残だが、現在は細胞内でエネルギーをつくりだす手助けをしている。ミトコンドリアが持つ独自のゲノムは一つしか存在せず、生殖過程においても組み換えをしない。この遺伝的一貫性は、遺伝子の歴史を追跡するうえで非常に重宝がられている。

▲ミトコンドリアDNA（mtDNA）　Mitochondrial DNA

ミトコンドリアに含まれる遺伝物質。母親から組み換えなしで子孫へ伝えられるため、遺伝学者にとっては貴重な道具となっている。

▲メラニン　Melanin

皮膚の褐色色素メラニンは、熱帯地方に住む人々を紫外線（UV）による多くの害から守る天然のサンスクリーンである。とはいえ、紫外線が皮膚に浸透すると身体に有益なビタミンDが合成されるため、ある程度の日光に当たることも必要だ。この微妙なバランスは、日差しの弱い寒冷地に移住した人々の肌色がより薄い理由を説明してくれる。UVレベルの低い地域で、紫外線を浸透させ必要なビタミンDをつくるには、白っぽい肌の方が有利だったというわけだ。

　第三の要因が介在している例もある。海沿いに住み魚介類が豊富な食事を取っている人々は、ビタミンDの別の供給源に恵まれている。たとえば北極地方に住む民族は、紫外線の弱い地域でも濃い色の肌を保つことができるのだ。

Smolenyak, Megan and Turner, Ann. Trace Your Roots With DNA: Using Genetic Tests to Explore Your Family Tree. Emmaus, PA: Rodale Press, 2004.
数ある市販のDNAテストをどのように理解すべきかを説く、「遺伝子系図学」分野の傑作。

☞ウェブサイト

The Genographic Project (http://www.nationalgeographic.com/genographic)
ジェノグラフィック・プロジェクトの組織構成や、科学的調査の目的、さらには過去20万年に及ぶ人類移動の物語を掲載している。

Anthropology in the News (http://anthropology.tamu.edu/news.htm)
テキサスA&M大学から、人類学の分野における最新の話題をお届けする。

John Hawks' Anthropology Weblog: Paleoanthropology, Genetics, and Evolution (http://johnhawks.net/weblog/)
人類学界で旬の話題を取りあげているブログ。

Dienekes' Anthropology Blog (http://dienekes.blogspot.com)
遺伝学研究に重点を置いたブログ。

Genealogy DNA Listserv Archives
(http://archiver.rootsweb.ancestry.com/th/index/GENEALOGY-DNA/)
遺伝子系図学についてのインターネットフォーラム。大昔の祖先に関するたくさんの投稿が寄せられている。

☞学術誌

アメリカン・ジャーナル・オブ・ヒューマン・ジェネティクス (http://www.ajhg.org/)

ネイチャー・ジェネティクス (http://www.nature.com/ng/)

ネイチャー (http://www.nature.com/nature/)

サイエンス (http://www.sciencemag.org/)

さらに学びたいかたへ

人類の起源や古代移動の歴史を扱う文献は、著名なベストセラーから遺伝学の専門書まで実に幅広い。以下は、さらに知識を深めたい読者にお薦めする書籍のリストである。

☞書籍

『文化インフォマティックス――遺伝子・人類・言語』
ルイジ・ルカ・キャヴァリ=スフォルツァ、赤木昭夫訳、産業図書、2001年
キャヴァリ=スフォルツァやその研究チームによる過去半世紀の研究を大まかにまとめた名著。〔本書文中では、より一般的と思われる「カヴァッリ=スフォルツァ」という表記を採用。〕

『5万年前に人類に何が起きたか？ ――意識のビッグバン』
リチャード・G・クライン、ブレイク・エドガー著、鈴木淑美訳、新書館、2004年
アフリカで5万年前ごろに起こった行動の近代化（意識のビッグバン）がテーマ。

『イヴの七人の娘たち』
ブライアン・サイクス著、大野晶子訳、ソニーマガジンズ、2001年
ヨーロッパの母となった七つのｍｔＤＮＡ系統に着目したベストセラー。
西ユーラシアにｍｔＤＮＡ系統が広がっていった経緯を知るための優れた情報源でもある。

『アダムの旅――Y染色体がたどった大いなる旅路』
スペンサー・ウェルズ著、和泉裕子訳、バジリコ、2007年
本書『遥かなる祖先』をやや専門的にした内容。Y染色体と、それが示す過去5万年間の人類移動の道のりに主な焦点を当てている。

Fagan, Brian. People of the Earth: An Introduction to World Prehistory, 11th ed. East Rutherford, NJ: Prentice Hall, 2003.
人類の古生物学的・考古学的記録を見事に概括した1冊。

Jobling, Mark, Matthew Hurles, and Chris Tyler-Smith. Human Evolutionary Genetics: Origins, People and Disease. New York: Garland Publishing, Inc., 2003.
科学的詳細の詰まった優良入門書。

Jones, Steve, ed., et al. The Cambridge Encyclopedia of Human Evolution. New York: Cambridge University Press, 1992.
自然人類学から近年の人口統計学的傾向まで、人類進化のあらゆる側面を総括的にとらえた事典。

Oppenheimer, Stephen. The Real Eve: Modern Man's Journey Out of Africa. New York: Carroll & Graf, 2004.
Y染色体とｍｔＤＮＡを根拠に人類移動パターンの輪郭を示した良書。

資料提供

本文: 39頁 The Harry H. Laughlin Papers, Truman State University, Courtesy Dolan DNA Learning Center; 40頁 Scala/Art Resource, NY; 75頁 Jenny Kubo, NGS; 103頁 Bryan & Cherry Alexander Photography; 120頁 John Gurche; 132頁 Bradshaw Foundation, Geneva/www.bradshawfoundation.com; 151頁（上段） David Brill; 151頁（下段左） Giraudon/Art Resource, NY; 151頁（下段中央） Réunion des Musées Nationaux/Art Resource, NY; 151頁（下段右） Bridgeman Art Library/Getty Images; 168頁（上段左） José Azel/AURORA; 168頁（上段右） James L. Stanfield; 168頁（下段左） Wendy Stone/CORBIS; 168頁（下段右） Joy Tessman/NGS Image Collection.

すべての地図と図表は、ザ・エム・ファクトリー社ジャスティン・モリルの協力により、ナショナル ジオグラフィック協会が制作。
いくつかの資料は次の出版物からデータを引用した。

第1章 図3: L. L. Cavalli-Sforza, I. Barrai, and A. W. Edwards. "Analysis of Human Evolution under Random Genetic Drift." Cold Spring Harbor Symposia on Quantitative Biology 29 (1964): 9-20.

第2章 図1: G. A. Harrison et al. Human Biology. New York: Oxford University Press, 1988.

第3章 図2: M. A. Jobling, M. E. Hurles, and C. Tyler-Smith. Human Evolutionary Genetics: Origins, Peoples, and Disease. New York: Garland Publishing, 2004.

第3章 図4: L. L. Cavalli-Sforza, P. Menozzi, and A. Piazza. The History and Geography of Human Genes. Princeton, NJ: Princeton University Press, 1994.

第3章 図6: M. Richards et al. "Tracing European Founder Lineages in the Near Eastern mtDNA Pool." American Journal of Human Genetics 67 (2000): 1251-76.

第5章 図2: Christopher R. Scotese, PALEOMAP Project.

ひ

ふ

へ

ほ

ま

み

む

め

も

や

よ

ら

り

る

れ

ん

さくいん

＜アルファベット＞

A

D

H

M

P

S

X

Y

＜かな＞

あ

い

著者　スペンサー・ウェルズ (Spencer Wells)
ナショナル ジオグラフィック協会の協会付き研究者であり、ジェノグラフィック・プロジェクトの指揮を執る。1994年にハーバード大学で博士号を取得。その後スタンフォード大学に移り、集団遺伝学者ルイジ・ルカ・カヴァッリ=スフォルツァのもと、人類がいつ、どのように地球上に散らばっていったのかを解明するため、Y染色体を利用した研究に従事。

2003年には、米国PBSとナショナル ジオグラフィックチャンネルによるドキュメンタリー『ジャーニー・オブ・マン：人類の軌跡』の脚本・プレゼンターを手掛け、関連書『アダムの旅』（バジリコ）を著述。ワシントンで妻とともに暮らしている。

訳者　上原 直子 (Naoko Uehara)
1971年生まれ。桐朋大学短期大学部芸術科演劇専攻卒業後、英国ローズブラフォードカレッジにて学ぶ。のちに翻訳・演出家である故小澤僥謳氏の元で演出助手を務め、現在は主に戯曲翻訳に取り組んでいる。主な訳書に『オノヨーコという生き方WOMAN』『ヴィジョナリーズ─ファッション・デザイナーたちの哲学』（ブルースインターアクションズ）などがある。

旅する遺伝子
ジェノグラフィック・プロジェクトで人類の足跡をたどる

発行日　2008年10月27日　第1版　第1刷

著　者　スペンサー・ウェルズ（Spencer Wells）
訳　者　上原直子（Naoko Uehara）
発行人　原田英治
発　行　英治出版株式会社
〒150-0022 東京都渋谷区恵比寿南1-9-12 ピトレスクビル4F
TEL　03-5773-0193　FAX　03-5773-0194
http://www.eijipress.co.jp/
出版プロデューサー　大西美穂
スタッフ　原田涼子、秋元麻希、鬼頭穣、高野達成、岩田大志、藤竹賢一郎、
松本裕平、浅木寛子、佐藤大地、坐間昇、虫賀幹華、
大原葵、鈴木みずほ
印刷・製本　大日本印刷株式会社
装　幀　大森裕二
編集協力　岩堀禎廣

printed in Japan
［検印廃止］ISBN978-4-86276-030-2　C0045

人類移動の謎を探るジェノグラフィック・プロジェクトに参加しよう！

ジェノグラフィック・プロジェクト参加キットをお買いあげの皆様は、この科学調査にリアルタイムでご参加いただくことができます。分析結果から、あなたの父方または母方の直系祖先の起源や、彼らがたどってきた大昔の移動ルートが明らかになるのです。

キットの収益はジェノグラフィック・レガシー・ファンドに充当され、先住民族や伝統的な生活を送る共同体の支援事業に使われます。教育率先、文化保護活動、現地語の維持・活性化プログラムなどがその例です。

参加キットはジェノグラフィック・プロジェクトのウェブサイトからご購入いただけます。お電話でのご注文は承っておりません。

購入代金（99.95米ドル、別途送料、手数料）には、研究所に返送していただいたDNAサンプルを分析するための費用も含まれます。

詳しい内容は、下記ジェノグラフィック・プロジェクト専用ウェブサイトをご覧ください。
www.nationalgeographic.com/genographic

☞ご購入はこちらから（英語）
http://shop.nationalgeographic.com/shopping/product/detailmain.jsp?itemID=2346&itemType=PRODUCT

☞日本語版の参考ＵＲＬ（このサイトでは直接ご購入いただけません）
http://nng.nikkeibp.co.jp/nng/genographic/project.shtml

キット内容（すべて英語表記）

1. DVD
   - スペンサー・ウェルズ博士によるプロジェクトの解説。
   - 映像を使ったDNAサンプル採取方法の説明。
   - ナショナル ジオグラフィックチャンネルと米国PBSによるドキュメンタリー『ジャーニー・オブ・マン：人類の軌跡』
2. ナショナル ジオグラフィック協会の特製地図
   人類がたどった移動の歴史を描いた限定版地図。
3. DNAサンプル採取器具一式
   DNAサンプル採取器具、使用説明書、採取したサンプルの返送用封筒付き。
4. ジェノグラフィック・プロジェクト解説小冊子
   ナショナル ジオグラフィックが誇る素晴らしい写真を数多く掲載。
5. 参加者IDナンバー
   匿名性を守り、ご自身の分析結果をウェブサイトでご覧いただくために必要。